L

GUIDE
DES ÉTRANGERS
AU MUSÉUM
D'HISTOIRE NATURELLE
ET
AU JARDIN DU ROI.

STRASBOURG , de l'imprimerie de F. G. LEVRAULT.

GUIDE

DES ÉTRANGERS

AU MUSÉUM

D'HISTOIRE NATURELLE

ET

AU JARDIN DU ROI.

PARIS,

F. G. LEVRAULT, rue de la Harpe, n.º 81 ;

Et rue des Juifs, n.º 33, à STRASBOURG.

1828.

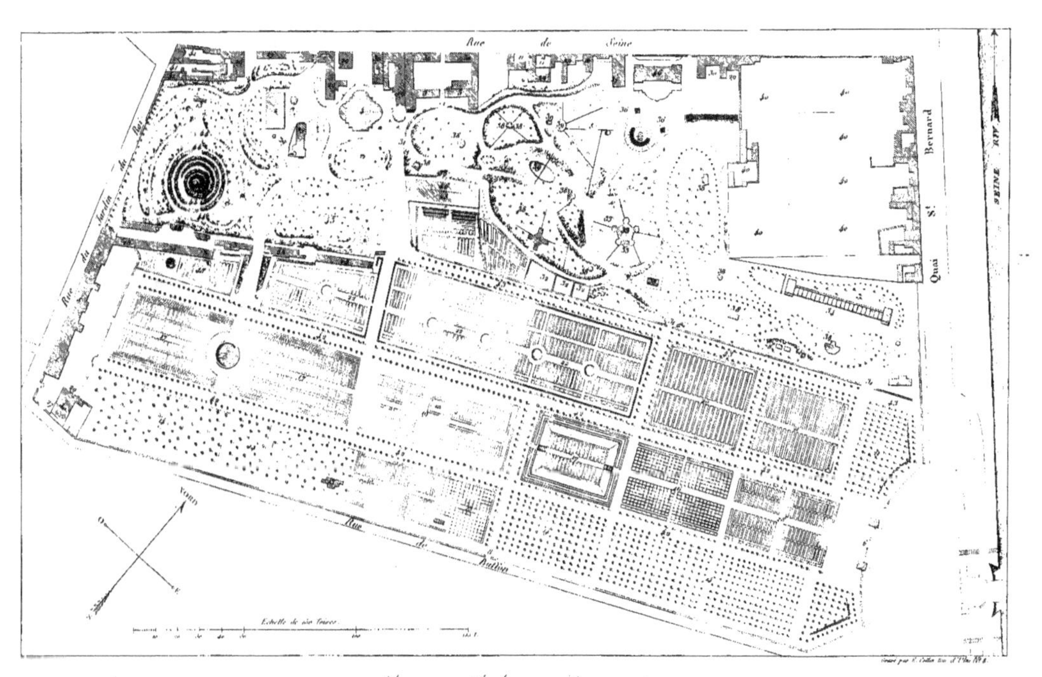

Plan du Jardin du Roi en 1838.

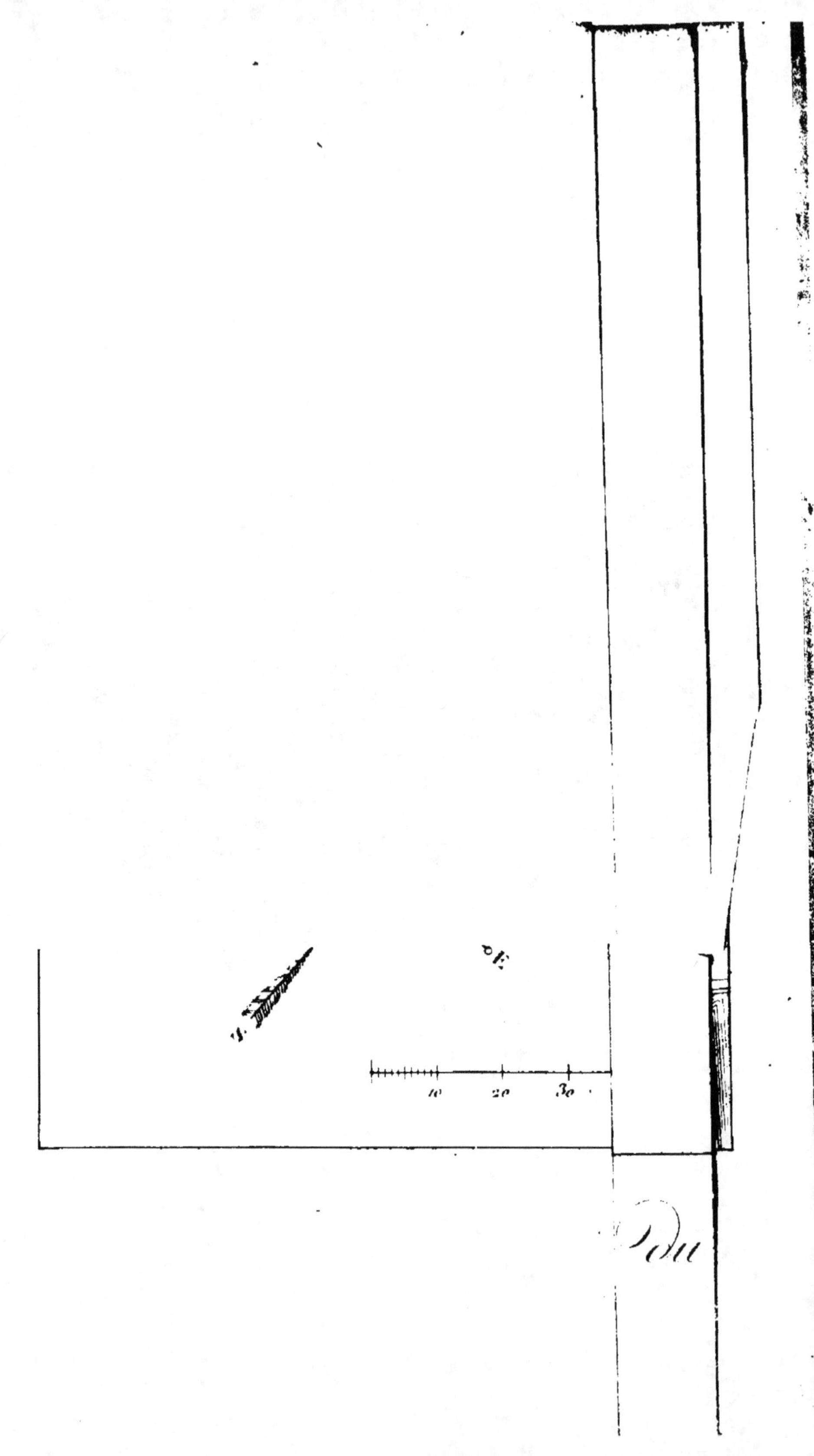

EXPLICATION

DU

PLAN DU JARDIN DU ROI.

1. Le Cabinet d'Histoire Naturelle.
2. Les Galeries de Botanique et Administration.
3. Le Cabinet d'Anatomie comparée.
4. L'Amphitéâtre.
5. Entrée cour des Galeries.
6. — Près la rivière.
7. — Rue de Seine.
8. — Rue de Buffon.
9. Descente dans les Carrières.
10. La Bibliothèque,
11. Atelier de Serrurerie,
12. — de menuiserie.
13. Café restaurant et Laiterie.
14. Petit bois et pépinières.
15. Culture de Fleurs.
16. — des Plantes potagérés.
17. — de Fleurs et Plantes vivaces.
18. — de Plantes médicinales.
19. La Pépinière.
20. Culture des arbres fruitiers.
21. Carré des exemples de Greffes et de Hayes.

22. École de Botanique.

23. Serres des Arbrisseaux et Plantes grasses.

24. Les serres chaudes.

25. La serre tempérée, ou de Naturalisation.

26. Corps-de-garde.

27.
28. Logemens de MM. les Administrateurs
29. et de quelques Employés.
30.

31. Portes de la Ménagerie.

32. Fossés des Ours.

33. Rotonde et parcs de la Girafe, des Éléphans etc.

34. Loges des Animaux féroces.

35. Volière des Oiseaux de proie.

36. Faisanderie.

37. Loge des Singes.

38. Fabrique et parcs des Animaux paisibles.

39. Parc des Oiseaux d'eau.

40. Maisons et Terrains non réunis.

41. Maisons réunies et occupées à loyers.

42. Grandes allées de Tilleuls.

43. Allée des Maronniers.

44. Le Labyrinthe.

45. Butte plantée d'Arbres verds.

46. Magasins et granges.

AVERTISSEMENT.

LE Jardin du Roi fut fondé par Louis
XIII en 1635. Le but de son institution
n'était d'abord que de faciliter les connaissances pharmaceutiques, soit par
la culture des plantes officinales, soit
par l'enseignement de la chimie. Le
zèle de divers intendans qui se succé-
dèrent, et qui, pour la plupart, occu-
pèrent en même temps la place de
premier médecin du Roi, et les talens
des démonstrateurs, contribuèrent à
étendre et à varier les connaissances
qui y étaient enseignées gratuitement.

Ainsi la botanique sous Tournefort,
Vaillant et Antoine de Jussieu; l'anatomie sous les Duverney, les Winslow

et les Vicq-d'Azyr, jetèrent beaucoup
d'éclat sur l'établissement; mais ce ne
fut véritablement que sous Buffon, qui
fut nommé intendant en 1739, que le
Jardin du Roi prit une importance et
des accroissemens tels qu'ils nécessi-
tèrent par la suite une nouvelle organisation.

Buffon, mort en 1788, fut remplacé
par M. de la Billardière, auquel succé-
da, en 1792, Bernardin de Saint-Pierre,
qui créa la ménagerie des animaux féroces au moment où celle de Versailles
fut supprimée.

L'établissement se soutint au milieu
des orages de la révolution; et le 10
Juin 1793 il reçut une nouvelle organisation et le titre de Muséum d'histoire naturelle.

Depuis cette époque, l'administration fut confiée à treize professeurs,
chargés d'enseigner toutes les bran-

ches des sciences naturelles ; et dont les différens cours attirent annuellement deux mille étudians.

Cependant un amphithéâtre en rapport avec l'importance que l'établissement acquérait tous les jours, lui manquait encore ; il fut terminé en Janvier 1794, et son ouverture suivit dans la même année celle d'une bibliothèque publique.

Bientôt s'élevèrent la serre tempérée, le cabinet d'anatomie comparée, qui ne fut terminé qu'en 1817, et enfin la nouvelle ménagerie des animaux féroces, achevée en 1821.

Le Jardin du Roi, au moment de sa création, occupait un terrain de vingt-neuf arpens : il en renferme aujourd'hui quatre-vingt-quatre, et tout fait présumer qu'il recevra encore de nouveaux accroissemens.

Les richesses déjà si grandes de ce

magnifique établissement, augmentées chaque jour des collections de tous genres, recueillies dans les deux mondes par des voyageurs entretenus aux frais du Roi, ou achetées à l'étranger, ou offertes par de généreux amis des sciences, font du Muséum d'histoire naturelle un établissement unique et digne de l'admiration de tous les peuples policés. On en trouve la description la plus complète dans l'ouvrage intitulé : *Histoire et description du Muséum royal d'histoire naturelle*, ouvrage rédigé d'après les ordres de l'Administration du Muséum, par M. Deleuze, avec trois plans et quatorze vues des jardins, des galeries et de la ménagerie, 2 vol. grand in-8.º 21 fr.; *chez F. G. LEVRAULT, rue de la Harpe, n.º 81, à Paris; et rue des Juifs, n.º 33, à Strasbourg.*

GUIDE
DES ÉTRANGERS
AU MUSÉUM
D'HISTOIRE NATURELLE

ET

AU JARDIN DU ROI.

DESCRIPTION DU MUSÉUM.

Promenade au Jardin.

L'ENTRÉE principale du Jardin du Roi est
située sur le quai, et fait face au superbe
pont à arches en fer, terminé en l'année
1809; de cette entrée on voit, à l'extrémité
opposée, le bâtiment où sont les galeries
d'histoire naturelle. A droite et à gauche
sont deux grandes allées de tilleuls; d'un
côté la ménagerie qui s'étend jusqu'à la rue

de Seine, et de l'autre, des plantations qui vont jusqu'à la rue de Buffon.

Après avoir parcouru l'une des grandes allées, celle qui est à droite, on se trouve au pied du Muséum ; et pour donner une idée rapide du Jardin, nous supposons que, tournant à gauche, on remonte par l'autre allée, en laissant à sa droite la maison nommée autrefois l'intendance, et dans laquelle mourut Buffon.

L'espace qui sépare cette allée de la rue, est occupé par des carrés plantés d'arbres de tous pays. On y remarque plusieurs espèces qui furent les premières apportées en Europe, et s'y répandirent ensuite avec profusion, tels que l'acacia, le marronier d'Inde, etc. ; et surtout un genévrier qui a quarante pieds de haut, et qui fut planté par Tournefort.

A l'extrémité de ce carré se trouve un café. Le carré qui vient ensuite est destiné à la culture des plantes annuelles. Le second est consacré aux plantes d'ornemens vivaces. Des arbres et arbustes de pleine terre occupent le troisième, qui est borné par une allée transversale, limite de l'ancien jardin. A partir de ce point, les tilleuls de la grande allée sont moins élevés, n'ayant été plantés qu'en 1783.

Viennent ensuite quatre carrés : le premier est planté d'arbres toujours verts, et il est séparé du suivant par une allée de mélèzes. Celui-ci est composé d'arbres d'automne, c'est-à-dire de ceux dont les feuilles ou les fruits se colorent pendant cette saison ; il se termine par une allée d'érables à fruit cotonneux. Le carré suivant est un bosquet d'arbres d'ornement pour l'été : une allée d'aylantes, improprement nommés *vernis du Japon*, le sépare du dernier, tout planté d'arbres qui fleurissent au printemps.

Arrivés au bout du jardin, nous trouvons en face de la porte une allée qui va jusqu'au grand bassin, et qui sépare huit parterres, dont les premiers sont consacrés à la culture des plantes médicinales, que l'on distribue aux pauvres. Les parterres suivans contiennent des doubles des plus belles plantes vivaces de l'école, et le dernier est occupé par les plantes potagères. On trouve ensuite le carré destiné à la culture des fleurs. La pépinière, également close d'une grille, se présente alors. En la traversant on est en face de deux parterres employés à la naturalisation des plantes étrangères vivaces. L'intervalle qui les sépare est occupé par un large bassin. Vis-à-vis ces carrés est le jardin de l'orangerie.

En suivant la rampe qui conduit au haut du jardin, on arrive au labyrinthe, et l'on remarque d'abord le cèdre du Liban : c'est le premier qu'on ait vu en France ; il fut planté en 1734 par Bernard de Jussieu. Des allées, qui montent en spirale, conduisent à un joli kiosque en bronze, d'où la vue s'étend sur le jardin et sur toute la partie de l'est, du sud et du nord de Paris. A mi-côte est placé le tombeau de Daubenton, monument formé d'une simple colonne assise sur divers minéraux. En descendant vers le nord, on voit le plus beau platane qui existe à Paris, et sur le penchant du côteau, un chalet, où l'on trouve, le matin, du laitage et des œufs frais. Au-dessous, un chemin, qui fait le tour de la colline, se prolonge sur la rue du Jardin du Roi , et conduit à une porte de sortie des galeries d'histoire naturelle. En revenant à l'est, derrière les serres , on se trouve en face de la petite butte , dont le haut forme une esplanade , d'où l'on découvre tout le jardin jusqu'à la rivière.

Descendant de cette petite butte , on trouve un grand ovale en gazon , destiné à recevoir pendant l'été les beaux arbres qui passent l'hiver dans la serre tempérée : une grande coupe de pierre en occupe le milieu. A côté de la porte de l'amphithéâtre sont placés deux grands palmiers éventails , qui furent donnés à Louis XIV. Nous allons maintenant continuer rapidement notre promenade en traversant la ménagerie , nous proposant d'y revenir avec plus de détails , lorsque nous la considérerons comme le lieu habité par divers animaux.

La variété des sites, des plantations , des fabriques , donne à cette partie l'aspect d'un jardin anglais. On y a naturalisé un grand nombre d'arbres étrangers.

En sortant de la ménagerie et tournant à

gauche, on passe devant le chemin qui la sépare de la serre tempérée, et au milieu duquel est un puits qui , à l'aide d'une pompe , fournit de l'eau à tout le jardin ; des chameaux et des chevaux en font alternativement le service.

Après avoir suivi la terrasse le long de la serre et de la grille du jardin des semis , on se trouve en face de l'école de botanique, et l'on prend l'allée des marroniers , qui mène au quai. En la suivant, on a à gauche le jardin des semis, celui de naturalisation, puis trois larges fosses, où l'on place ordinairement des ours et des sangliers. A l'extrémité de ces fosses sont des parcs , puis l'ancien emplacement des loges des animaux carnassiers. A droite , on a longé successivement l'école de botanique, une allée de sophoras du Japon , entremêlés de rhuyas , l'école des arbres fruitiers , l'allée des platanes , l'allée des catalpas , l'école de culture, et l'allée des arbres de Judée, si jolie au mois de Mai , lorsque, les feuilles n'étant pas encore développées, toutes les branches sont couvertes de fleurs roses.

Après cet aperçu rapide, nous allons nous occuper avec plus de détails de toutes les parties du jardin.

École de botanique.

Nous commencerons par l'école de botanique. Elle est entourée d'une grille de fer. Dans l'allée du milieu sont quatre bassins. L'école est toujours ouverte, mais c'est un lieu réservé pour l'étude ; et on a soin d'en éloigner les enfans, tant à cause du dégât qu'ils pourraient faire, qu'à cause du danger qu'ils pourraient courir en touchant aux plantes vénéneuses.

Cette école, uniquement destinée à la culture des plantes médicinales indigènes, lors de sa création, s'accrut tellement par les envois de divers voyageurs, qu'en 1774 on fut obligé d'en tripler l'étendue. Elle a été replantée en 1802 par les soins de M. Desfontaines, et elle contient six mille cinq cents espèces de plantes, classées d'après la méthode naturelle de M. de Jussieu. Ceux qui veulent les étudier, doivent entrer dans l'école par le côté de l'ouest , au bas de la rampe. Dans les premières plâte-bandes, qui sont parallèles à l'allée des tilleuls, devraient se trouver les champignons, les algues et les mousses ; mais ces familles ne pouvant être cultivées , on a commencé par les fougères , dont on possède plus de cinquante espèces. Viennent ensuite les naïades , les aroïdes, les souchets , etc., et plus de trois cents espèces de graminées. Les palmiers, dont on a douze ou quinze espèces , sont dans l'angle , au bas de la serre ; et en suivant toujours les plate-bandes et tournant de gauche à droite, on parcourra méthodiquement toute l'école, dont nous n'indiquerons aucune plante , parce qu'elles sont toutes mentionnées dans le catalogue qu'en a publié M. Desfontaines.

École des arbres fruitiers.

L'école des arbres fruitiers contient plus de onze cents espèces ou variétés d'arbres et arbrisseaux. Elle occupe un carré long, qui a 40 toises de l'est à l'ouest, et 27 du nord

au sud. Elle est divisée en 60 planches, bor-
dées chacune d'une variété particulière de
fraisiers. La première division comprend les
arbres dont le fruit est une baie, comme
les groseillers, les vignes, etc.; viennent ensuite les arbres à fruit à noyau, puis les fruits
à osselet, tels que les néfliers, les azeroliers;
les fruits à pepins, les fruits juteux, tels que
la figue, et enfin les fruits dont on mange
l'amande.

Cette école a été plantée en 1792, lorsque
M. Roland était ministre de l'intérieur, et
M. de Saint-Pierre, intendant du jardin. La
plupart des arbres sont greffés rez de terre
et taillés en quenouille, tant pour écono-
miser le terrain, que pour faciliter les observations. Un catalogue manuscrit correspondant aux numéros placés au pied des arbres,
est entre les mains du jardinier de l'école,
qui donne des renseignemens à tous ceux
qui en désirent.

École des plantes économiques.

L'école des plantes d'usage dans l'économie domestique et dans les arts est placée

de l'autre côté de l'allée. Elle présente un carré de 36 toises de long, sur 3o toises de large environ. Elle est divisée en cinq cent cinquante-deux compartimens, destinés à recevoir autant d'espèces ou de variétés de plantes économiques, distribuées en trois groupes principaux. La première division comprend les plantes utiles à la nourriture de l'homme, puis celles qui servent à nourrir les bestiaux, et enfin celles qui sont employées dans les arts.

Cette école n'a point un aspect aussi agréable qu'un parterre de fleurs ; mais ses compartimens offrent en petit l'image d'une campagne, et l'agriculteur y apprend à connaître les plantes appropriées à chaque canton : celui qui s'occupe d'un objet particulier, y trouve rapprochées toutes les plantes tinctoriales, les plantes textiles, etc.

École de culture.

L'école de culture a été créée en 18o6. Elle offre les modèles des diverses pratiques employées pour l'éducation et la multiplication des végétaux : sa forme est un carré long de 35 toises sur 3o. On a divisé en quatre classes les objets sur lesquels on voulait donner des exemples. La première comprend ce qui est relatif aux moyens de faire naitre les végétaux ; la seconde, ce qui tient à leur conservation ; la troisième, les moyens de les multiplier, et la quatrième, les usages auxquels on les emploie. Ainsi l'on y trouve successivement des exemples de semis, de boutures, de marcottes, de greffes, de plantations, de tailles de haies, de palissades et de fossés.

Jardin des semis.

Le jardin des semis, qui seul accroît et renouvelle nos richesses en botanique, n'existe que depuis 1786. Il a 885 toises carrées, et il est à 10 pieds au-dessous du sol de l'ancien jardin ; il est abrité des vents du nord et de l'ouest par la serre tempérée et la petite butte. La porte d'entrée est au bout de la terrasse de 2oo pieds de long, qui est devant la serre tempérée. Au mur qui la soutient est adossée une ligne de châssis, dans lesquels sont encaissées des couches, où l'on place les semis des graines venues des pays chauds.

Jardin de naturalisation.

L'enclos du jardin de naturalisation est sur le même niveau que le précédent, dont il n'est séparé que par un mur. Sa longueur est de 22 toises. Il reçoit pendant l'été une partie des arbres de la Nouvelle-Hollande qui ont passé l'hiver dans la serre tempérée, et d'autres arbustes qui ont besoin d'une exposition particulière. Près du puits est un mûrier à papier, qui est un rejeton de celui envoyé par sir Joseph Banks.

Le reste du jardin est divisé en plate-bandes destinées à la culture des plantes vivaces les moins connues. Les botanistes qui voudraient les examiner de plus près, doivent s'adresser à M. Riché.

Serre tempérée.

La grande serre tempérée, commencée en 1795, n'a été achevée qu'en 1800. Sa longueur est de 200 pieds ; sa largeur de 24 pieds; sa hauteur de 27 pieds. Elle est divisée en deux parties sur sa longueur : celle au midi contient les arbres et arbustes; celle au nord est disposée, au rez-de-chaussée, en ateliers pour les travaux du jardin ; et au-dessus sont des logemens de jardiniers et un laboratoire des graines.

On ne fait de feu dans la serre que lorsque le thermomètre descend au dehors à 4 degrés au-dessous de zéro. Les arbres qu'on y abrite sont originaires de diverses contrées de l'hémisphère boréal ; d'autres viennent de la terre de Diémen et de la Nouvelle-Zélande. On est parvenu à en naturaliser plusieurs, en changeant doucement l'époque de leur floraison par la température de cette serre. On y place les caisses au mois d'Octobre; on les en retire au mois d'Avril ou de Mai, et on les distribue dans le rond qui

est en face de l'amphithéâtre et dans les allées
du jardin.

Serres chaudes.

Il y a au jardin cinq serres chaudes, que
nous allons visiter en commençant par la
plus grande, placée le long de l'école et
abritée du nord par la petite butte. Son entrée est vis-à-vis de l'allée des marroniers.
Elle est divisée en trois parties, ou plutôt,
elle est composée de trois serres distinctes,
disposées en amphithéâtre.

La supérieure fut construite par Buffon
en 1788. Elle a 125 pieds de long, 12
pieds de large et 15 pieds de haut. Cette
serre fut d'abord destinée à recevoir les
grands arbres des tropiques, qu'on devait
y cultiver en pleine terre ; mais le grand
nombre de plantes arrivées des pays chauds,
a forcé d'y ménager davantage l'espace.
Parmi les végétaux précieux qu'elle contient, nous citerons le *pandanus odoratis-*
simus, dont les fleurs mâles sont recherchées
en Égypte, à cause de leur parfum ; le *rave-*

nala, bananier connu à Madagascar sous le nom de *l'arbre des voyageurs,* parce que la base de ses feuilles forme un réservoir toujours plein d'une eau fraîche et limpide ; le *mahogoni,* ou bois d'acajou ; le *ficus elastica,* dont le lait donne de la gomme élastique, etc. On a soin que dans cette serre le thermomètre marque toujours au moins 12 degrés.

La partie au-dessous fut construite en 1798 et nommée serre Baudin, en l'honneur du capitaine qui rapporta des Antilles la plupart des plantes qu'elle contient. On y fait des boutures sous châssis, et on y cultive les plantes herbacées les plus curieuses. On y remarque le *xylophylla,* dont les fleurs nombreuses sont situées au bord des feuilles ; le sainfoin oscillant (*hedysarum gyrans*) ; des bignones, des grenadilles, qui forment des guirlandes sous le toit. On entretient dans cette serre une chaleur de 15 degrés.

La troisième partie a été construite en 1821, et nommée serre Philibert, parce que ce capitaine ramena de l'Inde et de Cayenne la plupart des plantes dont elle est garnie, lesquelles ont été récoltées par M. Perrottel, jardinier du Muséum. Cette serre a 75 pieds de long, sur 12 de large. On y trouve l'arbre à pain sauvage, le bétel, l'arec, le muscadier, le cacao, etc.

En sortant par l'extrémité à l'ouest on traverse une cour, on suit un couloir, et l'on arrive à l'une des deux serres construites par Du Fay, dont l'entrée est au haut de la rampe. Cette serre a 75 pieds de long sur 9 pieds de large. On y entretient pendant l'hiver une chaleur de 8 degrés. Elle est destinée à la culture des grands arbrisseaux des tropiques. La seconde serre a les mêmes dimensions; elle a aussi deux fourneaux, mais on se contente de n'y pas laisser descendre la température au-dessous de 6 degrés. Elle est destinée aux plantes grasses, que l'on range dans la belle saison sur une terrasse, qui se trouve ainsi décorée d'aloès, de cierges et de raquettes. En sortant de cette serre, on trouve celle des ficoïdes, auxquels 3 degrés de chaleur suffisent.

Après elle, à droite, est une serre enfoncée et adossée à la butte. Elle a été construite en 1714, et on l'a nommée *serre du cafier*, parce que c'est là que fut élevé le premier pied de café, envoyé du Jardin de Leyde à Louis XIV, et dont les graines ont peuplé les Antilles. Elle renferme les plantes les plus délicates de la zone torride. Sa longueur est de 34 pieds sur 14 de large. On y entretient constamment une chaleur de 12 degrés: On voit dans cette serre un très-beau *cycas*, dont la moelle produit une espèce de sagou; des *frangipaniers*, des *dattiers*; le *panicum latifolium*, dont les tiges creuses fournissent aux Sauvages de l'Amérique les calumets de paix, etc.

La dernière serre, adossée à la montagne, est composée de trois parties, dont les deux premières furent construites en 1717, et portent le nom de *serre du cierge*, parce qu'elles sont séparées par un grand cierge du Pérou, au-dessus duquel on a construit une lanterne vitrée de 40 pieds de haut. La troisième partie, nommée *serre Saint-Pierre*, a été achevée en 1792. On y voit le *cycas* de l'Inde et celui du Japon, un *theophrasta*, le *palmier éventail*, le *latanier*, le *passiflora alata*, dont les rameaux, étendus sous le toit, ont 5o pieds de long, et sont pendant huit mois chargés de fleurs.

Galerie de botanique.

Au-dessus de la salle d'administration, et au premier étage, sont les galeries de botanique.

On voit dans l'escalier un palmier entouré d'une liane.

En entrant, on tourne à droite et l'on passe dans trois salles qui communiquent.

La première est la salle des bois. On y trouve divers exemples d'épiderme, d'écorce, de racines, de tiges, d'épines, de moelle, etc., et plusieurs collections de bois très-intéressantes.

La seconde, celle des herbiers, renferme d'abord l'herbier général, composé d'environ vingt-cinq mille espèces de plantes. Le fond de cet herbier est formé de celui de Vaillant, auquel sont venues successivement se joindre les plantes recueillies par Commerson, Dombey, Macé, Poiteau, Leschenault, etc.

On a formé de plus des herbiers particuliers de la Nouvelle-Hollande, de Cayenne, des Antilles, du Cap, de l'Inde, d'Égypte, etc.

On y trouve aussi des herbiers spéciaux, qui ont servi de type à des ouvrages imprimés, tels que celui de Michaux, celui des plantes de France, par M. De Candolle, celui de M. de Humboldt, etc. L'ancien herbier de Tournefort, arrangé et étiqueté de sa main ou de celle de Gundelsheimer, a été religieusement conservé.

Dans cette même salle on voit une belle collection de champignons imités en cire, donnée au Muséum par S. M. l'empereur d'Autriche. On y trouve aussi des modèles de fruits étrangers en cire ou en plâtre.

La dernière salle, celle des fruits, contient vingt armoires vitrées. Douze de ces armoires renferment des fruits desséchés ou conservés dans l'esprit de vin ; les autres, diverses productions dont on fait usage dans la médecine ou les arts. L'ancien droguier du Jardin du Roi, avec les additions qui y ont été faites, est dans cette salle.

Ces galeries ne sont point ouvertes au public ; mais les botanistes en obtiennent facilement l'entrée pour y faire des recherches et des observations ; et les curieux y sont admis les jeudis de deux à quatre heures sur la présentation de billets qu'on obtient au bureau de l'administration.

𝕮abinet d'histoire naturelle.

L'édifice des galeries d'histoire naturelle [1] a 60 toises de longueur ; il est séparé du jardin par une cour et une grille de fer. La façade est divisée en trois parties, sur chacune desquelles se trouvent onze croisées. L'aile au nord a été ajoutée en 1808.

Le rez-de-chaussée est composé de plusieurs pièces, dont la plus grande renferme des modèles de divers outils et machines qui servent aux démonstrations du cours de culture. Les autres contiennent des objets qui ne peuvent être placés dans les galeries.

---

1 Voir la planche, page 331, 2.ᵉ partie de l'Histoire et description du Muséum d'histoire naturelle, rédigée par M. Deleuze ; 2 vol. in-8.º

Le premier étage est consacré à la géologie, à la minéralogie et à la collection des reptiles et des poissons. Le second est destiné aux quadrupèdes, aux oiseaux, aux insectes, aux coquilles, etc. Il est éclairé par des châssis à tabatière. Une très-belle horloge occupe le centre de l'édifice.

Nous allons entrer par l'escalier près du corps-de-garde, et parcourir toutes les salles, en commençant par celles de géologie.

Collection de géologie.

En entrant on voit à côté de la porte des prismes basaltiques du Puy-de-Dôme et du comté d'Antrim en Irlande.

La première salle renferme les débris de végétaux et d'animaux invertébrés que l'on trouve enfouis dans la terre, et qui appartiennent presque tous à des espèces perdues. Ils sont classés d'après l'ancienneté des terrains au milieu desquels on les rencontre.

Dans les armoires à gauche, et en face de soi, sont les *végétaux fossiles*, parmi lesquels nous citerons de beaux morceaux de palmiers provenant de Maëstricht, des environs du Mans, de Soissons, et de ceux d'Aix, et beaucoup d'empreintes de feuilles trouvées dans le Véronais et le Vicentin.

Les *animaux invertébrés fossiles* sont placés dans les armoires à droite.

On y remarque plusieurs polypiers, de beaux échantillons de *trilobites*, un *limule* très-reconnaissable, trouvé à Pappenheim ; des *hippurites* et des *orthocératites* d'un gros volume ; le moule d'une *ammonite* gigantesque, etc. ; enfin une suite très-nombreuse de roches et de laves de la France.

La seconde salle, dite *grande salle des fossiles*, renferme les animaux vertébrés, et de plus une collection méthodique des différens terrains qui composent la croûte minérale de la terre ; elle est rangée dans deux grands corps de tiroirs, qu'on voit isolés au milieu de la pièce.

Les *vertébrés fossiles* sont partagés en quatre grandes sections : les poissons, les reptiles, les oiseaux et les mammifères. C'est par les dernières armoires du fond qu'il faut commencer l'examen de la première section. Les trois autres occupent les douze armoires

vitrées qui sont en face des fenêtres. Ils sont
rangés d'après l'ordre suivi par M. Cuvier
dans son grand ouvrage sur les ossemens
fossiles, où l'on trouve décrits et figurés
presque tous les morceaux qui forment cette
collection.

La troisième salle contient une collection
systématique des roches. On y voit en outre
les premiers élémens d'une collection géo-
graphique, qui deviendra également intéressante; mais les bornes de cet extrait ne
nous permettant pas d'entrer dans les détails nécessaires, nous ferons seulement remarquer, avant de quitter cette salle, quelques objets d'art qui se trouvent dans les
cinq armoires à gauche en entrant.

On voit sur la première tablette quatre
grands vases en lave du Vésuve, une belle
coupe en cristal de roche, un miroir en ob-
sidienne noire, analogue à ceux dont se ser-
vaient autrefois les Péruviens. Des objets
très-variés par la forme et la matière, sont
exposés sur les autres tablettes ; nous nous
contenterons de citer un beau coffre en
ambre jaune, différens casse-têtes de Sau-

vages, et une grande cuiller en jade ver-
dâtre, morceau très-rare et très-précieux.

Collection de minéralogie.

La collection de minéralogie occupe les
deux salles suivantes. La première renferme
les deux premières classes de minéraux : savoir, les *sels* et les *pierres*. On doit en commencer l'examen par les armoires à droite,
en suivant l'ordre de leurs numéros. On voit
d'abord les substances calcaires, parmi lesquelles on remarque un beau morceau de
spath d'Islande, qui fait paraître doubles les
objets qu'on regarde à travers. La série des
variétés de *chaux carbonatée* se termine par
de curieuses concrétions des formes les plus
variées. On remarque, entre autres, à côté
de nids d'oiseaux incrustés un portrait de
Galilée, qui provient des bains de Saint-
Philippe en Toscane.

Viennent ensuite les diverses espèces de
chaux fluatée, ou *spath fluor*, dont la variété concrétionnée sert, en Angleterre, à

f..ire des plaques et des vases de différentes formes.

Dans la quinzième armoire est la *silice fluatée alumineuse* ou *topaze*, qu'il ne faut cependant pas confondre avec celle que les lapidaires nomment improprement *topaze orientale*, et qui appartient à la deuxième classe, celle des pierres ou substances terreuses, que l'on voit dans les dix-huitième et dix-neuvième armoires. Nous remarquerons d'abord le *quarz hyalin*, dont la première variété est connue sous le nom de *cristal de roche*; puis celles nommées vulgairement *améthyste*, *rubis de Bohème*, *topaze enfumée*, etc.

Les *agates*, la *calcédoine*, la *cornaline*, la *sardoine*, etc.

Les *quarz résinites* et les *jaspes*. On remarque parmi les premiers l'*hydrophane*, qui a la propriété de devenir transparent dans l'eau; et l'*opale*, si justement recherchée. Une des armoires du bas contient un magnifique tronçon de palmier pétrifié.

Nous trouvons ensuite toutes les variétés de *corindon*, connues dans le commerce sous les noms de *rubis*, *topaze*, *saphir d'Orient*, etc.

Le *mica*, dont on voit de grandes lames, a été nommé *verre de Moscovie*, parce qu'on l'emploie en Russie pour garnir les fenêtres. A côté du mica est l'*asbeste*, ou amianthe des anciens, qui en faisaient une espèce de linge qu'ils blanchissaient en le jetant au feu.

Avant de quitter cette salle on remarquera entre les croisées un beau vase de porphyre fragmentaire des Vosges, et deux groupes énormes de cristaux prismés de quarz incolore.

La salle suivante contient les substances inflammables et les métaux.

Le *diamant* est placé à côté du charbon minéral, parce qu'il a comme lui la propriété de brûler sans laisser de résidu, et qu'il n'est que du charbon *pur*.

Parmi les métaux, nous citerons seulement le *platine*, une énorme *pépite* d'or, pesant une livre quatre gros; une suite intéressante de morceaux de *mercure* sulfuré; et enfin, où commence la série des mines de fer, on voit une nombreuse collection de ces pierres tombées de l'atmosphère, et dont l'origine est encore inconnue.

L'arsenic que l'on débite, à l'état natif, sous le nom de *poudre pour tuer les mouches.*

Collection des mammifères.

En montant à l'étage supérieur du cabinet par le grand escalier à droite, on entre dans les salles de zoologie. Les trois premières et celle qui est à l'extrémité, contiennent les mammifères, qui sont rangés d'après la méthode de M. Cuvier.

Le nombre des mammifères est d'environ quinze cents individus, appartenant à plus de cinq cents espèces.

La première salle renferme la famille des singes. Entre les deux fenêtres sont rangées cinq espèces d'*orangs.* Le chimpansé a vécu chez M. de Buffon, où il s'était fait remarquer par sa douceur et son adresse à servir à table, à s'asseoir, etc.

Les armoires à gauche, en entrant, contiennent les guenons. On y remarque le *nasique* ou *kahau,* dont le nez s'accroît avec l'âge.

Sur le côté opposé à la fenêtre sont les

singes à face alongée. Le plus redoutable d'entre eux est le *babouin chevelu.* Le *mandrill*, dont la taille égale celle de l'homme, est d'une férocité connue des peuplades nègres. Vis-à-vis de la porte il y a deux armoires. Sur la tablette supérieure de la première on a placé les *hurleurs*, qui font retentir de leurs cris les forêts de l'Amérique équatoriale. Sur la troisième tablette on trouve le *saïmiri*, dont les formes sont très-élégantes. Les *singes à queue prenante* occupent le haut de la seconde armoire. Au-dessous, sont les *singes de nuit*; l'un des plus curieux est le *capucin de l'Orénoque.* Sur la troisième tablette sont les *ouistitis*, faciles à élever et très-recherchés à cause de leur gentillesse. Enfin, dans le bas des deux armoires sont les *makis*, dont le museau est alongé comme celui des renards.

En passant à la seconde salle, on voit dans les deux armoires de droite et de gauche plus de quatre-vingts espèces de *chauve-souris.* On a placé dans le haut celles qui ont les lèvres et la langue garnies de verrues, à l'aide desquelles elles sucent le

sang des grands quadrupèdes, sans les ré-
veiller. La plus redoutable est le *vampire*,
qui fait périr beaucoup de bétail dans l'A-
mérique du Sud.

Au-dessous des chauve-souris, dans l'armoire à gauche, sont les *hérissons*, les *tan-
recs* et les *taupes*.

La première des six armoires qui sont à
gauche renferme les *ours*. L'espèce la plus
grande et la plus célèbre est l'*ours polaire*,
qui poursuit les animaux marins et les saisit
à la nage ou lorsqu'ils viennent respirer : il
reste enseveli sous la neige pendant l'hiver.
A côté de cet ours, qui a vécu à la Ménagerie, on en voit une espèce de l'Inde, qui
se nourrit de miel. Immédiatement après les
ours on a placé les *ratons*.

Dans la seconde armoire sont les *coatis* au
long nez ; les *blaireaux*, dont le poil sert à faire
des brosses douces ; les *belettes* et les *martres*.

La troisième armoire contient les *loutres*,
ainsi que diverses variétés de *chiens*, qui occupent aussi la suivante, avec les deux espèces
de loups d'Europe.

La cinquième contient treize espèces de

renards. Sur la première tablette de la sixième armoire on voit les *hyènes*, au-dessous sont les *phoques*; sur la corniche on a placé le *morse*, qui atteint quelquefois 20 pieds de longueur. Dans l'armoire avancée qui termine ce côté de la salle, on a rangé les *civettes* et les *genettes*.

Pour ne pas interrompre l'ordre de la classification, il faut de suite passer dans la troisième salle, dont la première armoire à gauche renferme les *mangoustes*. Il y en a dix espèces au cabinet : l'une d'elles est l'*ichneumon*, si célèbre par le culte que lui rendaient autrefois les Égyptiens.

Les autres armoires du même côté renferment vingt-trois espèces du genre *chat*, qui comprend les *lions*, les *tigres*, les *léopards*, les *lynx*, etc.

A la suite des chats vient la nombreuse famille des animaux à bourse. On en possède trente-trois espèces. En passant au côté droit, on voit dans les trois premières armoires les animaux à bourse de l'ancien monde, qui ont une poche pour conserver leurs petits. Les plus grands sont les *kanguroos* de la

Nouvelle-Hollande. Ils ont les pattes de devant très-courtes, et les tarses extrêmement alongés, ce qui les oblige à se tenir presque toujours sur les pieds de derrière, en s'appuyant sur leur queue comme sur un troisième pied, et à marcher par bonds, sans se servir des pieds de devant.

Près d'eux on voit les *phalangers*, qui ont la peau des flancs étendue entre les pattes, comme les écureuils volans.

Les *rongeurs*, au nombre de cent espèces, occupent les trois armoires suivantes. Les plus dignes d'attention sont les *castors*, qui vivent en société au Canada, sur le bord des fleuves, et se construisent des digues pour se garantir des inondations : ils se bâtissent ensuite des huttes à deux étages, dont l'un sert de magasin et l'autre d'habitation pendant l'hiver. Après les castors, nous ferons remarquer le *loir*, le *hamster*, si nuisible par la quantité de blé qu'il enfouit, et le *chinchilla*, dont la fourrure est très-recherchée.

Près de ces animaux sont vingt-trois espèces d'*écureuils*, parmi lesquels on distingue les *polatouches* ou écureuils volans. Vient

ensuite l'*aye - aye* de Madagascar , ainsi
nommé à cause de son cri, animal unique
dans les collections d'Europe; puis quatre
espèces de *porcs-épics*. Les *lièvres* et les *lapins*
occupent l'avant-dernière armoire. L'ordre des
rongeurs est terminé par les cochons d'Inde,
dont l'*aperea* du Brésil est le type sauvage.

La dernière armoire de cette salle est remplie par les *paresseux*. Ces animaux sont
obligés, par leur conformation, de se traîner
sur les coudes. Ils ne font qu'un petit, qu'ils
portent sur le dos. Ils vivent sur les arbres,
qu'ils dépouillent de leurs feuilles, et l'on
assure que lorsqu'ils veulent aller à un autre,
ils se laissent tomber pour s'épargner la peine
de descendre.

En rentrant dans la deuxième salle, on
voit dans l'armoire à gauche de la porte,
les *tatous* d'Amérique, couverts d'écussons
durs et cornés. Les trois tablettes inférieures
portent les *pangolins* de l'Inde, qui ont, ainsi
que les précédens, la faculté de se rouler en
boule.

La première armoire, du même côté, renferme les *fourmiliers*. Ils ont le museau très-

long et la langue susceptible de s'alonger beaucoup : ils l'introduisent dans les nids de fourmis, et la retirent chargée de ces insectes. Dans le bas de cette armoire on voit le *rhinocéros bicorne* d'Afrique, et deux espèces de *tapir*.

Dans la deuxième armoire sont deux genres très-remarquables. Ce sont l'*Ornithorhinque*, dont le museau ressemble à un bec de canard, et l'*Échidné*, qui a le museau alongé et dont le corps est couvert de piquans.

Les quatre armoires qui suivent, renferment dix-neuf espèces de pachydermes. Le *cheval arabe*, le *cheval baskir*, le *zèbre*, le *couagga*, s'y font remarquer, ainsi que diverses espèces de sangliers. Dans la dernière armoire on a placé des cétacés ; un fœtus de *baleine*, le *marsouin*, un très-grand *dauphin de mer* et le *dauphin du Gange*.

Le milieu de la salle est occupé par les *éléphans* mâle et femelle qui ont vécu à la ménagerie, le *rhinocéros unicorne* de l'Inde, qui a vécu à celle de Versailles, le *rhinocéros bicorne* de Sumatra, et l'*unicorne* de Java ; enfin, le *rhinocéros bicorne* d'Afrique, et l'*hippopotame*.

Après avoir traversé la galerie des oiseaux, on entre dans la salle des ruminans. On voit au milieu deux *girafes*. La plus grande rapportée d'Afrique par Levaillant, l'autre par M. Delalande ; le *buffle*, l'*aurochs*, le *chameau de la Bactriane*, le *dromadaire* et l'*élan*.

En commençant par l'armoire à droite près de la croisée, on voit la *vigogne*, dont la laine fauve sert à la fabrication des plus beaux draps. Au-dessous est le *lama*, qu'on emploie au Pérou comme bête de somme. Le *musc* est à côté : le parfum si connu sous ce nom, vient d'une poche que le mâle a sous le ventre. On voit ensuite le *chevrotain pygmée*, le plus élégant et le plus petit de tous les ruminans.

La deuxième armoire renferme le *cerf* d'Europe et celui du Canada, d'un tiers plus grand que le nôtre, ainsi que le *muntjac* de Java et de Sumatra. Le *cerf hippelaphe*, qu'on ne connaissait que par la description d'Aristote, nous a été envoyé des mêmes contrées par MM. Diard et Duvaucel. Il est dans la troisième armoire, avec l'*axis* ou *cerf du Gange*.

Dans la quatrième armoire on voit le

cerf de la Louisiane, le *cerf blanc* de Ceilan. Le *daim* et ses variétés sont dans la cinquième armoire. A côté d'eux on voit le *renne* mâle et sa femelle, et au devant le *chevreuil*, dont la chair est si estimée. La sixième armoire renferme les *cerfs* d'Amérique, nommés cerfs à dague, ainsi que le *bubale* ou vache de Barbarie, et le *caama* du Cap.

La septième armoire renferme la *gazelle*, célèbre par l'élégance de ses formes et la douceur de son regard. Elle vit en troupes dans l'Afrique; c'est la pâture ordinaire des lions et des panthères.

La huitième armoire, qui est de l'autre côté de la porte, contient le *steinbock*; le *duiker* ou chèvre plongeante du Cap, ainsi nommée parce qu'elle s'élance tête baissée dans les fourrées; le *sauteur de pierre*, le *geisbock*, et l'*antilope laineuse*. Ces espèces sont dues au voyage de M. Delalande.

Le *pasan* de Buffon est dans la neuvième armoire : on pense que c'est la licorne des anciens. A côté du pasan on voit l'*algazel*, l'*antilope bleue* du Cap, et le *guevei*, charmant animal qui n'a que 9 pouces de hauteur.

Dans la dixième armoire sont placées les deux plus grandes espèces d'antilopes : l'*osanne* et le *condoma*. On y voit aussi le *gnou*, qui semble un composé de différens animaux. Il a le corps, la croupe et la queue d'un petit cheval, les cornes d'un buffle, et les pieds d'un cerf.

Le *nylgau* de l'Inde et le *chamois* d'Europe sont dans la onzième armoire. La douzième est remplie de diverses variétés de chèvres, parmi lesquelles on trouve celle de Cachemire dont la laine est si recherchée.

La treizième armoire renferme les diverses races de moutons. On y voit le *moufflon* d'Afrique, auquel une longue crinière et des manchettes autour de chaque poignet donnent un aspect très-singulier.

Dans le haut de la quatorzième et dernière armoire on voit une race de moutons d'Asie, dont la queue est très-large et pèse de quinze à vingt livres.

Sur les tablettes inférieures on a placé les bœufs. Le *zébu* de l'Inde est remarquable

par sa petite taille et la bosse qu'il porte
sur le dos.

Collection d'oiseaux.

En sortant de la salle des ruminans, on
rentre dans la galerie des oiseaux. Ils sont
classés d'après le Règne animal de M. Cuvier.
Des quilles noires indiquent la séparation
des genres, et des quilles rouges leurs sub-
divisions. Au support de chaque oiseau est
attachée une étiquette portant le nom français, latin et l'*habitat* de chaque individu,
ainsi que le nom du donateur.

La collection d'oiseaux comprend plus de
six mille individus, appartenant à plus de
deux mille trois cents espèces. La galerie
qui la renferme est divisée en cinquante-sept
armoires : nous commencerons par celle à
gauche, et nous en ferons le tour allant de
gauche à droite.

Dix espèces de *vautours* occupent les deux
premières armoires. Dans la deuxième armoire on a placé le *pérénoptère* d'Égypte, ou
poule de Pharaon. Cet oiseau suit en grandes

troupes les caravanes, et purifie le pays des cadavres qui l'infecteraient.

Au-dessus est le *vautour fauve*, qui sent sa proie de plusieurs lieues.

Au bas de l'armoire est le *gypaëte* des Alpes, le plus grand des oiseaux de proie de notre continent : il enlève les moutons, les chèvres, et l'on dit même qu'il attaque des enfans.

Les armoires suivantes, jusqu'à la dixième, renferment les oiseaux de proie diurnes. Six espèces d'aigles commencent cette série. L'*aigle royal*, le plus grand et le plus courageux de tous, est le premier. Viennent ensuite les *orfraies* ou aigles pêcheurs, et le *balbuzard*, qui dépeuple les viviers.

Dans la cinquième armoire on remarque la grande *harpie* d'Amérique, et le *secrétaire* du Cap, dont les jambes sont d'une force et d'une longueur très-grandes : il poursuit à la course les reptiles venimeux dont il se nourrit.

Dans la sixième armoire sont l'*autour*, l'*épervier* qu'on dressait autrefois pour la chasse ; l'*épervier chanteur*, le seul des oiseaux de proie qui ait une voix agréable.

Les *buses*, les *milans*, les *bondrées*, occupent les septième et huitième armoires: La *soubuse* ou l'oiseau Saint - Martin, femelle, était adorée en Égypte, et l'on voit à côté d'elle des plumes retirées d'une momie que M. Geoffroy a rapportée de ce pays.

Dans la neuvième armoire on voit le *faucon* ordinaire, et le *gerfaut*, célèbres par leur docilité et la rapidité de leur vol.

La dixième armoire, qui avance et qui forme une séparation dans la galerie, contient le *hobereau* et la *crécerelle* d'Europe dans ses différens âges. Là se terminent les oiseaux de proie diurnes, dont nous avons cent vingt espèces.

Les armoires onze et douze renferment trente-quatre espèces d'oiseaux de proie nocturnes.

Les armoires treize et quatorze contiennent les perroquets. Les *kakatoës* ont sur la tête une belle huppe; le plumage du plus grand nombre est blanc : celui des loris est rouge. Les *aras* sont recherchés à cause de leurs couleurs éclatantes. Le vert domine ordinairement dans le plumage des perruches et des perroquets proprement dits. Tous grimpent sur les arbres en s'aidant de leur bec. L'espèce la plus anciennement connue en Europe est la perruche d'Alexandre, ainsi nommée parce qu'elle fut apportée de l'Inde par ce conquérant.

Sur les deux premières tablettes de la quinzième armoire sont les *toucans*, dont l'énorme bec entraînerait le reste du corps, s'il n'était d'une substance celluleuse. Ils se nourrissent de fruits et d'insectes, qu'ils avalent sans pouvoir les mâcher.

Les *torcols* sont sur la troisième tablette. Les *pics* sont placés sur les tablettes inférieures. On sait avec quelle adresse ces oiseaux grimpent sur les troncs d'arbres, et saisissent les larves d'insectes à l'aide de leur langue, qu'ils alongent à volonté.

Les *coucous* occupent les tablettes supérieures de la seizième armoire. Le coucou d'Europe est célèbre par la singulière habitude qu'il a de pondre ses œufs dans le nid des autres oiseaux insectivores. Sur la sixième tablette sont les *indicateurs*, qui se nourrissent de miel, poussent des cris lorsqu'ils découvrent des nids d'abeilles sauvages, et servent ainsi de guides aux habitans. Nous en avons quatre espèces.

Les tablettes inférieures sont occupées par les *barbus* et les *couroucous*, oiseaux solitaires qui ne volent que pendant le crépuscule.

Dans la dix-septième armoire on voit le genre nombreux des *pies-grièches*. Ces oiseaux vivent en famille. L'attachement qu'ils ont pour leurs petits est tel, qu'une femelle ne craint pas de se mesurer avec la corneille pour les défendre, et que souvent elle sort victorieuse du combat.

Au-dessous des *pies-grièches* sont placées les *brèves* de l'Inde, parées des plus belles couleurs.

Les *fourmiliers* viennent ensuite ; ils vivent sur les énormes fourmilières de l'Amérique : leur voix est très-sonore. Nous en possédons vingt-sept espèces.

La dix-huitième armoire renferme les *merles*, au nombre de cent soixante espèces. A côté du merle commun on voit sa variété blanche, puis le merle rose du midi de la France, et ensuite le *moqueur*, célèbre par la facilité qu'il a d'imiter le ramage des autres oiseaux.

Au-dessous sont rangées les *grives*. Les plus brillans de tous ces oiseaux sont le merle azuré de Java et le merle de la Nouvelle-Guinée, ou pie de paradis, dont la gorge et la poitrine brillent de couleurs à reflets métalliques.

On a placé dans cette armoire la *lyre* de la Nouvelle-Hollande ; les plumes de la queue de cet oiseau présentent la forme de l'instrument dont on lui a donné le nom.

Sur les deux dernières tablettes sont les *martins* et les *loriots*. Le loriot de France suspend son nid à l'extrémité des plus longues branches d'arbres.

Dans la dix-neuvième armoire on a rangé sur la première tablette les espèces du genre *Philédon* de M. Cuvier, qui toutes ont la langue terminée par un pinceau de poils. Au-dessous on voit les *becs-fins*. Nous en avons cent soixante-douze espèces. La plus célèbre est le *rossignol*. Sur l'avant-dernière tablette sont les *hoche-queue*, qu'on appelle aussi *lavandières*, parce qu'ils vivent au bord des eaux. Près d'eux on voit les *bergeronnettes*, qui suivent les moutons dans les champs, se perchent sur leur dos, et trouvent des insectes dans leur laine. Le bas de l'armoire contient les *farlouses*, connues dans le midi de la France sous le nom de *becfigues*.

Dans la vingtième armoire on a placé les *drongos*, dont nous avons huit espèces. Les *cotingas* sont au-dessous. Ces oiseaux habitent les contrées humides de l'Amérique méridionale. Pendant la saison des amours, le plumage des mâles se colore de pourpre et d'azur. Parmi les dix-sept espèces que nous avons, les plus remarquables sont le *pompadour*, le *cordon bleu*, le *cotinga pourpre* et le *cotinga blanc*, qui a une caroncule sur la tête.

La nombreuse famille des *gobe-mouches*, dont nous avons cent cinquante espèces, occupe les tablettes inférieures de cette armoire. Sur la dernière tablette on voit plusieurs oiseaux remarquables par leur rareté et leur beauté. Tels sont la *pie à gorge ensanglantée* d'Azara ; le *céphalotère*, dont la tête est surmontée d'un large panache ; le *gymnocéphale capucin*, que les Nègres de Cayenne appellent *l'oiseau mon père*; le *coq de roche* de Cayenne, etc.

Dans le haut de la vingt-unième armoire sont les espèces du genre *Tyran*. Ces oiseaux d'Amérique ont un courage encore plus surprenant que celui des pies-grièches ; car les femelles défendent leurs petits contre les aigles. Au-dessous des tyrans sont les *euphones :* une espèce des Antilles est appelée le *musicien*, parce qu'elle fait entendre les sept notes de la gamme.

Après les euphones viennent les *tangaras* d'Amérique, agréablement variés en couleur. Les *manakins* sont placés au-dessous, et ne leur cèdent en rien pour l'agrément des couleurs. Les *mésanges* se font remarquer ensuite. Ces oiseaux, d'un naturel très-vif, sont occupés sans cesse à fendre l'écorce pour chercher des larves d'insectes, ou à casser les graines dont ils se nourrissent. Dans le bas de cette armoire on voit dix-neuf espèces d'*engoulevens*.

La vingt-deuxième armoire contient d'abord les *hirondelles*, dont nous avons vingt-sept espèces. La première est le *martinet*, si bien conformé pour le vol. Parmi les espèces étrangères on remarque la *salangane* des

Indes, qui construit son nid sur les falaises les plus élevées, avec du frai de poisson et autres substances gélatineuses. Ces nids sont un objet de commerce, et on les regarde, à la Chine et au Japon, comme un mets très-agréable. Au-dessous des hirondelles sont placées les *alouettes*. Plus bas sont les *étourneaux*. Les cinq tablettes inférieures sont remplies par la famille des *cassiques*, dont nous avons trente-quatre espèces. Leurs nids, qu'on voit dans deux cadres sur la corniche, méritent une attention particulière; ils sont au nombre de six à douze à la suite, et réunis par un tube, dans lequel ils ont leur ouverture. Ce sont autant de chambres disposées le long d'un corridor. Ces nids, suspendus et sans cesse balancés par les vents, mettent les cassiques à l'abri des serpens. L'habitude de vivre plusieurs familles ensemble, a fait donner à ces oiseaux le nom de *républicains*.

La vingt-troisième armoire contient la nombreuse famille des *bruans* et des *moineaux*. Nous en avons plus de sept cents individus, appartenant à cent-cinquante espèces. Les bruans sont placés sur la première tablette. C'est à ce genre qu'appartient l'*ortolan*. Les *moineaux* occupent les trois suivantes. Les *linottes* sont sur les cinquième, sixième, septième et huitième tablettes. Viennent ensuite les *gros-becs*, puis les *becs-croisés*. Celui d'Europe est très-familier : il saisit sa nourriture avec sa patte et la porte à son bec, à la manière des perroquets. Le *dur-bec* du Nord èt les *colious* du Cap sont sur la même rangée. Ces derniers vivent en troupes et dorment suspendus aux branches, la tête en bas et pressés les uns contre les autres. Le dernier oiseau de cette tablette est le *pique-bœuf*, ainsi nommé parce qu'il retire de la peau des bœufs les larves d'insectes, dont il fait sa nourriture.

Dans la vingt-quatrième armoire sont les *rolliers*, au nombre de sept espèces. Le *mainate* de Java est sur la seconde tablette ; on dit que c'est de tous les oiseaux celui qui imite le mieux la voix humaine. On voit ensuite les *oiseaux de paradis*, dont nous avons neuf espèces. Le bleu de saphir, le vert d'émeraude, le rouge le plus vif, éclatent sur le plumage de ces oiseaux , qui viénnent de la Nouvelle-Guinée.

Le bas de cette armoire est garni par les diverses espèces de pics et de corbeaux.

La vingt - cinquième armoire renferme les *huppes* , dont nous avons huit espèces (la plus précieuse est *l'épimaque proméfil* , l'un des oiseaux les plus rares et les plus beaux de la collection), et aussi les *grim-pereaux* , dont nous avons soixante - quatre espèces. Sur la deuxième tablette sont ran-gées les *picucules* d'Amérique , ressemblant aux pics par leurs habitudes et par les plu-mes de la queue, roides et usées par le bout. Les *colibris* et *oiseaux - mouches* , au nombre de cinquante-trois espèces, couvrent les troi-sième , quatrième et cinquième tablettes. On en voit plusieurs dont le corps n'a pas un pouce de longueur. Tous les colibris habitent l'Amérique ; ils voltigent autour des fleurs , dont ils sucent le nectar , comme les abeilles. Les *souï-mangas* remplissent les trois ta-blettes suivantes : ils sont aussi brillans. Parmi les *sucriers*, qui sont sur les neuvième et dixième tablettes , nous ferons remarquer le sucrier des Antilles, qui vit dans les plantations de cannes à sucre. Les *grimpereaux de muraille* sont sur la onzième tablette. Ils habitent le midi de l'Europe ; cependant l'individu qui a les ailes déployées a été tué au Jardin du Roi. Les *guêpiers* sont rangés sur la douzième tablette. A côté sont les *momots*.

Les cinq tablettes supérieures de la vingt-sixième armoire contiennent trente-quatre espèces de *martins-pêcheurs*. Le bas de l'armoire est rempli par les *calaos*, grands oiseaux d'Afrique et des Indes, très-remarquables par la grosseur et la forme de leur bec.

Sur la première tablette de la vingt-septième armoire sont les *touracos* et le *musophage*, dont nous avons quatre espèces. Le reste de l'armoire est rempli par les nombreuses variétés du *pigeon domestique* et par les espèces qui s'en rapprochent.

La suite des *pigeons* remplit entièrement la vingt-huitième armoire. Nous en avons quatre-vingt-quatre espèces.

Le *paon*, originaire de l'Inde, se fait remarquer dans la vingt-neuvième armoire, avec plusieurs belles variétés. L'individu placé à gauche a été tué sauvage dans les montagnes des Gates.

La trentième armoire renferme le genre des *Dindons*; on voit que l'état de domesticité fait perdre à ces oiseaux l'éclat métallique de leur plumage. Au bas de l'armoire est une nouvelle espèce, que M. Cuvier a décrite et nommée *dindon œillé*. Ce bel oiseau vient de la baie de Honduras, et c'est jusqu'à présent le seul qui soit en Europe.

La trente-unième armoire, correspondant à celle qu'on vient de voir, est remplie par les *hoccos*.

Dans la trente-deuxième sont les *marails*. Sur la seconde tablette est le *napaul* ou *faisan cornu* du Bengale, oiseau très-rare, dont le mâle porte deux cornes charnues derrière les yeux. Sur les troisième et quatrième tablettes sont les *coqs*. Dans le bas de l'armoire commencent les *faisans*, dont nous avons dix espèces. Parmi eux on remarquera le *faisan doré* de la Chine, que sa longue huppe, son plumage éclatant, l'élégance de ses formes, font rechercher comme le plus beau des gallinacés. C'est à cet oiseau qu'on rapporte la description que Pline nous a laissée du phénix.

Dans l'armoire suivante est le *faisan argus* de Sumatra. Du temps de Buffon, on conservait au cabinet trois plumes de ce magnifique oiseau. Nous en avons aujourd'hui six individus. Au-dessous de l'argus sont placés le *lophophore*, le *houpifère*, également remarquables par leur aigrette et la couleur de leur plumage, et le *rouloul*, espèce fort rare de Malacca.

La nombreuse famille des *tétras*, dont nous avons cinquante-neuf espèces, remplit la trente-quatrième armoire.

Nous arrivons aux *échassiers*, ainsi nommés à cause de la longueur de leurs jambes.

Les deux premiers genres qui occupent les trente-cinquième et trente-sixième armoires diffèrent de tous les autres en ce qu'ils sont privés de la faculté de voler. Le premier est *l'autruche*, qui atteint jusqu'à 8 pieds de haut : elle vit en troupes dans les déserts de l'Afrique. Au-dessous de l'autruche femelle on a placé le *nandou* d'Amérique, espèce de moitié plus petite que celle de l'ancien continent. Ses plumes se vendent sous le nom de *plumes de vautour*. Au-dessus de l'autruche mâle sont les deux espèces de *casoar*.

Les *outardes* remplissent la trente-septième armoire. Nous en avons neuf espèces.

Les premiers des oiseaux de rivage sont les *pluviers*, au nombre de trente espèces.

Dans la trente-huitième armoire, au-dessous des *vanneaux*, sont les *huîtriers*, ainsi nommés parce qu'ils ouvrent les coquillages avec leur bec. Le bas de l'armoire est occupé par les *ibis*, dont une espèce était adorée par les Égyptiens. On voit à côté deux momies de ces oiseaux, qui ont été rapportées par M. Geoffroy.

Dans la trente-neuvième armoire sont les *barges*, les *bécasses*, les *combattans*, les *tourne-pierres*, qui vivent sur les bords de la mer, où ils retournent les pierres pour trouver les vers dont ils se nourrissent.

Les *chevaliers*, les *avocettes*, dont le bec est arqué vers le haut, et le *savacou*, qui se tient sur les arbres, au bord des rivières, d'où il se précipite sur les poissons, occupent la quarantième armoire.

Trente-neuf espèces de *hérons* remplissent la quarante-unième armoire. Trois plumes de la huppe du héron commun sont un objet de commerce et se vendent fort cher. *L'aigrette* fournit celles que l'on appelle *esprits*.

Les *grues* occupent la quarante-deuxième armoire.

Dans la quarante-troisième on voit les *cigognes*. Nous ne citerons que l'espèce si recherchée maintenant à cause des plumes qu'elle fournit, et qui sont connues sous le nom de *marabous*.

Deux espèces de *becs-ouverts* dans la quarante-quatrième armoire ; l'une d'elles est très-remarquable et nouvelle. On y voit aussi les *tantales* et les *jabirus*.

Les *spatules*, qui doivent leur nom à la forme de leur bec, sont dans la quarante-cinquième armoire. Trente espèces de *râles* garnissent les tablettes inférieures. Les *jacanas* ou *chirurgiens*, qui ont les doigts et les ongles si longs, le *kamichi*, dont l'aile est armée d'un éperon, comme celle des précédens, viennent ensuite. On a placé près de celui-ci le *chaïa*, très-belle espèce du Paraguay.

Les *poules sultanes*, qu'on voit dans le haut de la quarante-sixième armoire, sont remarquables par leur beauté. A côté d'elles sont les *foulques* aux pieds garnis de membranes dentelées. Le genre *Bec-en-fourreau* se fait remarquer ensuite. Il vient des îles Malouines. Le bas de cette armoire est rempli par les *flammans*.

En passant aux palmipèdes, nous trouvons d'abord vingt-sept espèces de plongeurs, qui remplissent les armoires quarante-sept, quarante-huit et quarante-neuf. Nous citerons seulement les *manchots*, qui ne viennent à terre que pour nicher, et dont la tournure est si remarquable.

Les cinquantième et cinquante-unième armoires renferment la famille des longipennes.

Le premier genre est celui des *Petrels*, ou oiseaux de tempête, qui, à l'approche des ouragans, vont chercher un abri sur les vaisseaux. Au bas de l'armoire on voit les *albatros*, dont le plus grand a été nommé *mouton du Cap*.

Vingt-deux espèces de *goélands* et de

mouettes sont dans la cinquante-unième armoire, ainsi que vingt-trois espèces d'*hirondelles de mer*, et deux espèces de *becs-en-ciseaux*, dont l'une, des mers australes, est nouvelle.

Les armoires cinquante-deux et cinquante-trois renferment la famille des totipalmes. Le plus grand d'entre eux est le *pélican*. Lorsqu'il veut donner à manger à ses petits, il retire du sac qu'il a sous le bec des poissons qu'il y tenait en réserve, et il les coupe en morceaux; alors le sang de ces poissons se répand sur sa poitrine : c'est ce qui a fait dire qu'il se déchirait le ventre pour nourrir ses petits.

Les *frégates* sont dans la cinquante-troisième armoire. Ces oiseaux volent à d'immenses distances des côtes. Ils fondent sur les poissons volans, sur les fous, que l'on voit sur les tablettes inférieures, et qui sont ainsi nommés à cause de la stupidité avec laquelle ils se laissent attaquer. Le bas de l'armoire est occupé par les *paille-en-queue*.

Les quatre armoires qui terminent la galerie, sont remplies par les lamellirostres, qui comprennent les *cignes*, les *oies*, les *canards* et les *harles*.

Parmi les canards, dont nous avons soixante-dix-huit espèces, nous nous bornerons à citer l'*eider*, qui fournit le duvet précieux qu'on appelle *édredon*; le *canard de la Caroline*, recherché à cause de la beauté de son plumage, et la *sarcelle de la Chine*, dont le mâle a quelques plumes de l'aile élargies en éventail et relevées sur le dos. Cinq espèces de *harles*, que l'on voit au bas de l'armoire, terminent la collection des oiseaux.

Le milieu de la galerie est occupé par un meuble où sont rangés les animaux sans vertèbres; nous y reviendrons après avoir examiné la collection des reptiles et celle des poissons, qui se trouvent au premier étage, où l'on se rend directement en descendant le petit escalier, placé ici entre les quarante-sixième et quarante-septième armoires. Le mur de cet escalier est tapissé de peaux de grands serpens du genre *Boa*, dont les couleurs sont très-bien conservées.

Collection des reptiles.

La collection des reptiles renferme dix-huit cents individus, appartenant à plus de sept cents espèces. Pour indiquer ce qu'elle offre de plus remarquable, nous suivrons simplement la division des ordres et des genres, en allant de gauche à droite.

Il y a des reptiles d'une trop grande taille pour qu'on puisse les loger dans les armoires, et qu'on a suspendus au plafond ou attachés au mur. Nous allons dire un mot de ceux-ci, avant de parler de ceux qui sont à leur rang dans les armoires.

Dans le genre des *Tortues*, nous citerons la *tortue à cuir*, qui pèse souvent plus de douze cents livres ; la *tortue franche*, presque aussi grande que la précédente, et qui pèse ordinairement huit cents livres : sa chair et ses œufs sont un aliment très-salutaire ; le *caret*, qui fournit l'écaille employée dans les arts.

Parmi les tortues attachées au mur ou sur les corniches, nous ferons remarquer seulement une très-grande carapace du *tyrsé* ou tortue molle du Nil, qui rend de grands services à l'Égypte, parce qu'elle dévore les petits crocodiles au moment où ils éclosent.

Un *crocodile du Nil*, de 13 pieds de long, est attaché au plafond. C'est de tous les animaux de l'ordre des sauriens, le plus dangereux par sa force et sa voracité. Après lui est placé le crocodile à museau effilé, de l'Amérique. Il s'engourdit par la grande chaleur, comme nos lézards par le froid de l'hiver.

Le *crocodile à deux arêtes*, que l'on adore à Java, est attaché au mur, ainsi que l'*oua-ran* du Nil, la *dragonne* de Cayenne, l'*iguan* de l'Amérique méridionale, qui porte une crête sur le dos, etc.

Nous citerons, parmi les grandes espèces de serpens, le *boa anaconda*, le *python améthyste*, le *python de Java*. Ces animaux parviennent, dit-on, à 30 pieds. Le plus long qui soit au Cabinet a 19 pieds.

Parmi ceux d'une moindre taille qu'on a desséchés et suspendus au mur, nous ferons remarquer : le *serpent à sonnettes*, qu'on regarde comme le plus venimeux de tous;

le *lachésis* de Cayenne, espèce fort rare, dont la queue est terminée par une pointe cornée très-dure.

Nous allons maintenant faire le tour de la salle pour indiquer ce que les armoires renferment.

Le Muséum possède seize espèces de tortues de terre, et vingt *émydes*, ou tortues d'eau douce.

Le premier genre des sauriens est celui des *Crocodiles*, au nombre de douze espèces, dont les plus remarquables ont été déjà vues attachées au plafond. Nous avons quinze espèces de *tupinambis*. Cinquante-trois espèces de *lézards* viennent ensuite. Le quatrième genre est celui des *stellions*, qui comprend quatorze espèces. Puis celui des *agames*, dont nous avons vingt-une espèces. Auprès d'eux sont les *basilics*, dont on ne connaît que deux espèces, et trois espèces de *dragons*. Huit espèces d'iguanes se font remarquer. Quelques-unes ont plus de six pieds de long. A leur suite viennent les *anolis*, dont nous avons quatorze espèces, et quarante-six de *gecko*. Les *caméléons*, célèbres par la facilité avec laquelle ils changent de couleur, sont au nombre de quatorze espèces : celui d'Europe a environ un pied de long. Nous avons quarante-cinq espèces de *scinques :* la plus connue est le *scinque officinal.*

Le Muséum possède plus de deux cents espèces de serpens, la plupart conservés dans l'esprit de vin. Les plus grands de ces reptiles sont les *boas* et les *pythons,* dont nous avons déjà parlé. Nous avons quatorze espèces du premier genre, et trois du second.

Le genre des couleuvres est le plus nombreux de tous; mais nous citerons de préférence les plus remarquables des serpens venimeux. Les plus renommés sont les *serpens à sonnettes,* dont nous avons quatre espèces. Leur morsure fait périr un homme en quelques minutes. On voit un individu de la *vipère fer-de-lance,* saisi au moment où il avalait une grosse grenouille, dont une partie est encore hors de sa gueule. Les genres *Plature* et *Naja* se font remarquer. La deuxième espèce de ce dernier (*coluber haje*) d'Égypte, est l'aspic des anciens. Le *céraste* n'est pas moins remarquable. Le dernier genre des *ophidiens* est celui des *cécilies*, ainsi nommées à cause de la petitesse de leurs yeux. Nous allons passer maintenant à l'ordre des *batraciens*. Il y a au Cabinet plus de vingt-cinq espèces du genre *Grenouille*. On conserve dans l'esprit de vin un individu de la *grenouille mugissante* d'Amérique, avalant un canard. Nous avons plus de trente espèces de *rainettes*, et au moins autant d'espèces de *crapauds*. On ne connaît qu'une seule espèce du genre *Pipa*, qui se trouve à Cayenne et à Surinam.

Les *salamandres* viennent ensuite; puis les *tritons*, et près d'eux l'*axolotl* du Mexique, et le *protée*, qui vit dans les eaux souterraines de la Carniole. Le dernier genre est la *sirène*, qui vit dans les rivières de la Caroline et se nourrit d'insectes.

Collection de poissons.

La collection de poissons comprend environ cinq mille individus, appartenant à plus de deux mille deux cents espèces.

La première famille, celle des *suceurs*, se compose des genres *Lamproie*, dont nous avons huit espèces ; et *Gastrobranche*, dont on ne connait que deux espèces.

Les *squales*, ou chiens de mer, viennent ensuite. Il y en a au Cabinet quarante-une espèces. La plus grande est le *squale pélerin*. L'individu qui est au milieu de la salle, a échoué sur nos côtes. L'espèce la plus célèbre par sa voracité est le *requin*.

Le genre le plus voisin des squales, est celui des *Scies*, dont nous avons cinq espèces. On voit au plafond un individu de la plus commune.

Le Muséum possède cinquante-sept espèces de *raies* ; on y distingue les *torpilles*, célèbres par la faculté de donner de violentes commotions électriques. Le dernier genre des sétaciens est celui des *Chimères*, dont nous avons deux espèces.

La famille suivante ne comprend que deux genres : celui des *Esturgeons*, et le *Poliodon feuille*, poisson très-rare de l'Amérique septentrionale. On voit ensuite les *diodons*, ou hérissons de mer ; cinquante-quatre espèces de *tétrodons*, et les *moles*, vulgairement appelées poissons lunes, dont nous avons quatre espèces. Celle de nos mers pèse quelquefois trois cents livres. Deux individus sont attachés au plafond. Soixante-six espèces de balistes, et dix-huit d'*ostracions*, ou *coffres*, se font remarquer.

L'ordre des lophobranches comprend les *syngnathes*, ou aiguilles de mer, dix espèces; les *hippocampes*, ou chevaux marins, quatre espèces, et les *pégases*. Le cinquième ordre est celui qui renferme le plus grand nombre de poissons d'eau douce. La première famille est celle des *saumons*, dont nous avons quarante-quatre espèces. Nous ne citerons que le *piraya* de l'Amérique méridionale. Lorsqu'il voit nager d'autres animaux, il s'élance sur eux, et leur fait des blessures dangereuses.

La famille des *clupes* comprend huit genres et quarante-trois espèces. Le *hareng*, le *chirocentre*, ou sabre de mer; les genres *Érythrin*, *Amie*, *Vastré*, etc.

Les *brochets*, les *exocets*, ou poissons volans, qui ont la faculté de se soutenir quelques instans en l'air, et les *mormyres*, composent une famille, suivie de celle des *cyprins*, dont nous avons trente-cinq espèces, parmi lesquelles on trouve la *carpe*, la *dorade* de la Chine, ou le petit poisson rouge, si commun dans nos bassins, etc.

Après les cyprins viennent les *siluroïdes* qui n'ont point d'écailles. Le Muséum en a cinquante-sept espèces. Le *salath* des Suisses, commun dans le Danube, est le plus grand de nos poissons d'eau douce. Le *raasch*, ou tonnerre des Arabes, qui donne des commotions électriques, forme le genre *Malaptérure*.

Nous avons vingt-six espèces de *gades*, parmi lesquelles on trouve la morue, le merlan, la merluche, le lien.

Cinquante-neuf espèces de *pleuronectes*, ou poissons plats, comprennent le turbot, la barbue, la limande, etc.

Nous ne citerons de la famille des *discoboles* que les *échénéis*, remarquables par un disque lamelleux qu'ils portent sur la tête, et à l'aide duquel ils se fixent à différens corps. Nous en avons quatre espèces.

La famille des *anguilliformes*, dont nous avons soixante-cinq espèces, comprend les *gymnotes*, dont une espèce est très-célèbre par la puissance qu'elle a de donner à vo-

lonté, et à distance, les plus violentes commotions, telles que des chevaux en sont
renversés.

Nous avons cinq espèces de *tœnioïdes;*
soixante-seize de *blennies*, et quarante-six de
gabies. Une espèce d'anarthique, genre très-
voisin du précédent, et qu'on nomme *loup*
ou *chat marin*, est d'une grande ressource
pour les Irlandais, qui le mangent séché, et
emploient son foie en guise de savon. On en
voit un grand individu attaché au plafond.

Parmi les *labroïdes*, nous ferons remarquer
quarante-sept espèces de *girelles*, dont une,
de la Méditerranée, est ornée des plus belles
couleurs ; ainsi que quarante-neuf espèces de
crénilabres. Nous citerons encore le *filou*, de
la mer des Indes, qui peut donner à son
museau une extension telle qu'il saisit tous
les petits poissons qui nagent à sa portée.

La famille des *sparoïdes* comprend environ
trois cent cinquante espèces. On y distingue
la *daurade*, célèbre par le goût de sa chair
et la beauté de ses couleurs. Les *scorpènes*,
dont nous avons vingt-deux espèces, sont
les plus hideux des animaux, à cause des

épines dont leur tête est hérissée, et des lambeaux charnus qui pendent autour de leur corps. On les nomme vulgairement *truies* ou *cochons de mer*. Les *ptéroïs* se font remarquer par la grandeur de leurs nageoires pectorales, ce qui a fait donner à quelques-uns l'épithète de *volans*.

Plus de deux cents espèces de *persèques* se distinguent en ce qu'elles ont deux nageoires sur le dos. On y trouve le *rouget*, les *perches*, le *fegaro* des Génois, qui a souvent six pieds de long; on en voit trois individus attachés au plafond, etc.

Les *scombéroïdes*, divisés en quatorze genres et plus de soixante-dix espèces, comprennent les *maquereaux*, les *thons*, les *germons*, les *caranx*, les *vomers*, les *centronotes*, etc. Nous citerons parmi ces derniers le *pilote*, ainsi nommé parce qu'il nage au-devant du requin pour lui indiquer sa proie et se nourrir ensuite de ses excrémens. Les *espadons* se reconnaissent à leur museau prolongé.

Dans la famille des *squamipennes*, dont nous avons plus de cent espèces, nous ferons remarquer les *chœtodons* , à cause de leurs dents, semblables à des crins par leur finesse et leur longueur. Ils ont des couleurs très-vives, disposées par bandes.

La dernière famille des poissons est celle des *bouches-en-flûte*, qui comprend les genres *Fistulaire* et *Centrisque*.

Nous allons maintenant remonter au second étage, pour y voir les animaux sans vertèbres.

Collection des animaux sans vertèbres.

Pour les examiner avec plus de facilité , nous les séparerons en deux sections : celle des articulés et celle des non articulés; les uns et les autres sont rangés dans un meuble qui occupe le milieu de la galerie.

La collection des animaux articulés est composée d'environ vingt-cinq mille espèces, toutes nommées avec exactitude.

C'est dans la partie supérieure du meuble qui occupe le milieu de la salle des quadrupèdes carnassiers, que les crustacés sont arrangés dans des cadres posés verticalement.

Nous en avons environ six cents espèces , appartenant à cinquante-quatre genres.

Les individus de trop grande taille ont été placés dans vingt-sept boîtes vitrées sur la corniche des armoires. Les premières boîtes , à gauche de l'entrée , renferment une suite de *langoustes*, dont la plus belle est la langouste ornée de l'Isle-de-France. Dans les trois boîtes suivantes sont les *homards*, dont un , long de 3 pieds , vient de l'Amérique septentrionale. On voit ensuite les *calappes* et les *portunes*.

Sur la corniche vis-à-vis on voit le *crabe géant* de la Nouvelle-Hollande. Un peu plus loin se trouvent des *gicarcins*, ou tourlourous des Antilles. Les boîtes suivantes renferment le *pagure voleur*, la plus grande espèce du genre ; les *dromies*, le *scyllare large* de la Méditerranée , et enfin le *limule cyclope* de l'Amérique et le *limule des Moluques*.

Nous citerons parmi les crustacés qui garnissent l'entablement du meuble, le *podophthalme épineux*, l'*ocypode cavalier*, qui doit son nom à la vitesse de sa course ; la *tel-*

phuse fluviatile, si renommée chez les anciens ; le *portune pélagique*, les *parthénopes*, les *pagures*, ou ermites, qui vivent dans les coquilles univalves dont ils s'emparent ; lés *phyllosomes*, minces comme des feuilles, et les *squilles*, ou mantes de mer.

Nous allons maintenant passer à la collection des arachnides et des insectes [1]. Elle comprend environ cinquante mille individus, appartenant à plus de vingt mille espèces. Les deux premiers cadres renferment les *scorpions*; l'africain est le plus grand. Les *araignées*, dont on trouve des espèces dans tous les pays, sont subdivisées en plusieurs genres. Quelques grandes espèces sont dangereuses, mais elles se trouvent dans les contrées équatoriales ; telles sont la *mygale de Leblond* (n.ᵒˢ 1 et 2); la *fasciée* (n.ᵒ 7), et l'*aviculaire* (n.ᵒ 3), qui dévore les oi-

---

[1] Cette collection est partagée en deux. La première se compose de l'ancienne et des doubles des acquisitions modernes ; c'est celle qui est exposée dans les cadres placés verticalement : la deuxième, plus complète, est renfermée dans des tiroirs qui occupent le bas du meuble. Les savans qui désirent la voir doivent s'adresser à M. Latreille.

seaux-mouches. La *tarentule* (n.º 68) est célèbre en Italie. La famille des *myriapodes*,
ou millepieds, se compose des genres *Iule* et
Scolopendre. L'espèce, n.º 2, des Antilles est
malfaisante ; celle du n.º 6 est phosphorique.

Le premier ordre des insectes est celui des
coléoptères, qui commence par le genre
Lucane. Le n.º 1 est l'espèce qu'on voit voler
le soir, en été, et qu'on nomme *cerf-volant*.
Les *scarabés*, les *bousiers* et les *géotrupes*,
viennent ensuite. Le *bousier sacré* (n.º 1) se
trouve souvent figuré sur les monumens
égyptiens. Le genre *Hexodon*, très-rare, a
été apporté de Madagascar par Commerson.
Les *Hannetons* et les *Cétoines*, genres nombreux et brillans, offrent plusieurs espèces
d'une grande rareté, telles que le n.º 40,
qui a servi de type au genre *Goliath*. On voit
ensuite les *dermestes*, les *anthrènes*, qui rou-
gent les pelleteries ; les *byrrhes*, les *nitidules*,
les *nécrophores*, qui dévorent les cadavres de
certains animaux ; les *hydrophiles*, les *dyti-
ques*, les *gyrins*, qui peuplent nos étangs ;
les *carabes*, le genre *Manticore*, les *cicin-
dèles*, etc. : la plupart remarquables par leur

taille, leur éclat, et souvent par la liqueur fétide et caustique qu'ils lancent lorsqu'on les saisit. Le n.° 9, vulgairement le *jardinier*, est très-commun dans nos champs. Les couleurs les plus brillantes distinguent les *buprestes*, nommés d'abord *richards* par cette raison ; les *taupins*, qui ont la faculté de sauter, lorsqu'ils sont sur le dos, jusqu'à ce qu'ils retombent dans leur position naturelle. Les n.°ˢ 10, 11 et 13, sont phosphoriques ; mais toutes les espèces du genre *Lampyre*, ou vers-luisans, sont douées de cette propriété. Ces insectes sont très-communs dans les pays chauds.

Les *opâtres*, les *ténébrions*, les *blaps*, les *pimélies*, etc., marchent lentement et fuient la lumière.

Le *ténébrion de la farine* (n.° 7) est commun dans nos maisons. Le *blaps porte-malheur* (n.° 5) se trouve dans les caves et les lieux sombres et humides. Les n.°ˢ 2 *bis* et suivans sont la *cantharide officinale*.

Les genres *Prione*, *Capricorne*, *Callidie*, *Nicydale*, *Saperde*, etc., se nourrissent toujours de végétaux. Leurs larves creusent des galeries dans l'intérieur des arbres, qui les font quelquefois périr. Le *prione géant* (n.º 1) est l'un des plus grands insectes connus. Le *capricorne héros* (n.º 2) est commun dans les forêts de chênes. Le *C. musqué* (n.º 8) répand au loin une forte odeur de rose. Le *longimane* (n.º 45) est connu sous le nom d'*arlequin de Cayenne.*

Les genres *Casside*, *Hispe* et *Chrysomèle*, comprennent de petits insectes qui vivent en société. Les *charansons*, les *bruches*, les *calandres*, sont très-nuisibles à l'état de larve; ils rongent le blé, le riz, les graines de diverses légumineuses, etc. L'*attelabe Bacchus* (n.º 3) dévore les feuilles roulées de vignobles entiers. Les *lixes* (division *D*) attaquent particulièrement les végétaux ombellifères et ceux à fleurs composées. Le genre *Coccinelle* est composé de ces petits insectes hémisphériques nommés vulgairement *bête à Dieu.*

Les coléoptères remplissent vingt-cinq cadres, dont les trois derniers offrent des exemples de leurs métamorphoses.

Le second ordre comprend les genres *For-*

ficule ou *Perce-oreille*, *Blatte*, *Grillon*, *Mante*, *Sauterelle*, *Spectre*, etc. Les sauterelles ou criquets de passage, et surtout les espèces n.ºs 24 et 28, désolent souvent le Levant et le nord de l'Afrique. Parmi les grillons, le plus extraordinaire est le *monstruosus* (n.° 1), qui vit au Cap. A ce genre se joint celui des Courtilières, qui creusent des galeries souterraines, et qui partagent avec les criquets et les truxales la faculté de sauter et de produire par le frottement un son monotone qu'on appelle *chant* dans les campagnes. Le *phasme* (n.° 1—3) ressemble à un paquet de feuilles sèches. La *mante religieuse* (n.° 27) est très-connue dans le midi de la France, où elle a reçu des Languedociens le nom de *prego-Diou*.

Les principales familles des névroptères sont les *libellules* ou *demoiselles*, les *termites*, les *fourmilions*, les *friganes* et les *éphémères*.

Les *termites* sont désignés par les voyageurs sous le nom de *fourmis blanches*, de *carias*, etc. Les habitations de plusieurs espèces sont élevées en pyramide ou en tourelle, et forment des espèces de villages.

Les habitudes des larves des *fourmilions* sont très-bien représentées dans un cadre, à leur rang. On y voit la trémie sablonneuse qu'elles construisent pour tendre un piége à d'autres insectes, la coque où elles ont passé à l'état de nymphes et leurs dépouilles.

Le premier genre des hyménoptères est celui des *tenthrèdes* ou mouches à scie, ainsi nommées parce que les femelles ont une tarière dentée qui leur sert à faire une incision dans les végétaux, pour y déposer leurs œufs. Les *ichneumons* déposent les leurs dans le corps d'autres insectes. Les *cynips*, en piquant certaines parties des végétaux, y font naître des excroissances qui deviennent pour leur postérité une habitation et un magasin de vivres. Dans les fourmis, les guêpes, les sphex, les abeilles et les bourdons, la tarière est remplacée par un aiguillon. On voit les productions de ces divers insectes exposées dans trois cadres.

La nombreuse famille des papillons, ou lépidoptères, déploie ensuite ses richesses aux regards des curieux. Nous ne les arrêterons qu'au n.º 123; et nous ferons observer que des œufs de ver-à-soie sauvage furent portés de la Chine à Constantinople, de là en Italie, et furent connus en France dans le 15.ᵉ siècle ; mais ce ne fut que sous Henri IV que Sully en introduisit la culture.

A l'ordre suivant, celui des *hémiptères*, appartiennent les cigales, les punaises, les pucerons, etc. La cochenille, qui vit au Mexique, sur le nopal, est de cette famille.

Les *diptères* comprennent les mouches, les cousins, les taons, les oëstres, etc.

Le genre *Puce* forme à lui seul l'ordre des *aptères*, et termine la classe des insectes.

La classe suivante est celle des *annélides*, parmi lesquelles on remarque la *sangsue*, devenue d'un usage si fréquent.

La collection de vers est placée dans le bas du meuble, au-dessous des crustacés. Nous ne faisons que la mentionner, parce qu'elle n'offre pas au public un motif agréable de s'y arrêter.

Coquilles, Oursins et Polypiers.

La collection des coquilles, formée d'abord de celles que Tournefort apporta du

Levant, de celles qu'Adanson recueillit au Sénégal, et de celles de Réaumur, fut ensuite accrue par l'acquisition du cabinet du Stadthouder et par les envois des naturalistes français qui ont voyagé depuis cette époque.

Parmi les mollusques univalves, nous citerons la *carinaire vitrée*, espèce célèbre par sa délicatesse et sa rareté. On voit aussi dans cette famille l'espèce qui fournissait la pourpre des anciens.

Les bivalves nous présentent les *arrosoirs*, les *tarets*, les *solens* ou manches de couteau, etc. ; la *Galathée*, précieuse coquille de Ceilan.

Le second ordre des conchifères, celui des monomyaires, comprend les *bénitiers*, dont une espèce pèse jusqu'à six cents livres ; les *crenatules*, *pernes*, *marteaux*, etc. ; les *pintadines*, qui nous offrent la coquille qui produit les perles si recherchées, et qu'on pêche dans le golfe persique.

Ici se terminent les coquilles.

Les *tremiciers* et quelques *radiaires* viennent ensuite, et sont pour la plupart remarqués dans la mer à cause de leur phosphorescence.

Les *étoiles de mer* sont remarquables en ce que, lorsqu'elles perdent une partie de leur corps, elle repousse très-rapidement, et qu'un rayon détaché reproduit bientôt une autre étoile.

Nous avons cent sept espèces d'oursins et vingt espèces de fistulides.

Les *polypes*, formant la dernière classe du règne animal, sont connus par la faculté de se multiplier à l'infini. En construisant leurs demeures, ils forment et élèvent ces récifs si dangereux pour les navigateurs. On en voit au Muséum cinq cent cinquante espèces. Nous citerons seulement *l'encrier tête de Méduse*, à cause de sa grande rareté. Les *alcyons*, les *éponges*, les *gorgones*, les *médiaires*, méritent aussi l'attention. On y voit le *corail*, tel qu'on le retire de la mer.

Cabinet d'anatomie comparée.

Nous devons au zèle infatigable de M. Cuvier, à son grand amour pour l'établissement comme administrateur, et surtout à la vaste étendue de ses connaissances, la création de ces nouvelles galeries. Tout ce qu'elles renferment, et jusqu'à la distribution du local (qui servait autrefois de magasin pour les approvisionnemens de Paris), a été préparé et disposé, soit par lui-même, soit, sous sa direction, par d'habiles préparateurs formés par ses leçons et son exemple.

Il commença l'exécution de ce monument, élevé aux sciences naturelles, non moins qu'à la gloire de son pays, dès 1796, et dix ans après les étudians purent y être admis. Toutes les préparations ont été mises en ordre par M. Rousseau et par M. Laurillard, qui est nommé garde de ce cabinet depuis 1812.

Nous allons parcourir les quinze salles qui les composent, et décrire très-rapidement ce que chacune d'elles renferme.

Au rez-de-chaussée, la première pièce contient des squelettes de chevaux, d'ânes, de zèbres, de couaggas, de cochons, de pécaris, de tapirs et de plusieurs rhinocéros; celui d'une nouvelle espèce de tapir, découverte dans l'Inde par MM. Diard et Duvaucel; ceux de deux rhinocéros de Sumatra, envoyés par les mêmes naturalistes; celui du rhinocéros du

Cap, apporté par M. Delalande, et un autre des Indes, disséqué par M. Mertrud en 1793.

La salle suivante, qui est beaucoup plus grande, renferme les squelettes des grands carnassiers, des pachydermes et des cétacés.

On y voit:

1.° Les *éléphans des Indes*, mâle et femelle, qui ont vécu à la ménagerie, ainsi que *l'éléphant d'Afrique*, femelle, préparé autrefois par Duverney;

2.° Un squelette d'*hippopotame* du Cap, apporté dernièrement par M. Delalande, et un de celui du Sénégal, envoyé par M. Roger;

3.° Le squelette du *rhinocéros des Indes*, envoyé du Bengale par M. Duvaucel, et trois autres du *rhinocéros de Java*, espèce découverte et envoyée par MM. Diard et Duvaucel;

4.° Un squelette de *girafe*, haut de quatorze pieds.

Sur les tablettes autour de la salle sont placés d'un côté les grands carnassiers, tels que les ours, les chiens, les loups, les hyènes, les lions, les tygres, les panthères, les phoques, etc. ; de l'autre, différentes espèces de dauphins; celui du Gange, le plus rare, a été envoyé de Calcutta par M. Vallick. On y remarque le *delphinus globiceps*, échoué en grand nombre, il y a quelques années, sur la côte de Bretagne, et envoyé par M. Lemaout; les squelettes du lamantin et du dugong. Ce dernier a été envoyé par MM. Diard et Duvaucel. Parmi les phoques on doit distinguer le morse (vulgairement éléphant marin), qui provient de l'expédition du capitaine Parry au pôle nord.

Au milieu de la salle sont les squelettes d'une grande, d'une moyenne et d'une petite baleine, rapportés du Cap par M. Delalande. On remarquera dans ces squelettes les fanons qui garnissent la mâchoire supérieure. Ce sont des lames cornées, composées de soies adhérentes dans leur longueur et qui s'effilent sur les bords de manière qu'elles servent à l'animal à saisir et retenir comme dans un filet les petits poissons et les mollusques dont il se nourrit. Cette substance, qui est employée dans les arts sous le nom de baleine, est fournie par l'espèce à laquelle appartiennent le plus grand et le plus petit de ces trois squelettes.

A gauche de la grande salle sont trois pièces renfermant les squelettes des ruminans, tels que diverses espèces de bœufs, de moutons, de chèvres et d'antilopes ; les squelettes de cerfs, de petites espèces d'antilopes, ceux des dromadaires, des chameaux, des lamas et des vigognes.

En revenant dans la grande salle, que l'on traverse, on entre dans une pièce consacrée à l'ostéologie humaine : on y voit des squelettes humains de différentes nations et différens âges, parmi lesquels on remarquera celui d'un Italien qui a une vertèbre lombaire de plus que les autres. Le squelette d'un ancien Égyptien, tiré d'une momie : celui-ci mérite une attention particulière, à cause du grand nombre de fractures que l'individu avait éprouvées, et qui toutes avaient été guéries ; le squelette d'une femme Boschismane, qui a été connue à Paris sous le nom de Vénus Hottentote, mais dont on a dérobé la tête[1]. Celui d'un nain qui appartenait au roi Stanislas,

---

[1] Elle a été rapportée dans les premiers jours de Décembre 1827, par une personne qui n'a pas voulu se faire connaître.

et qui a été célèbre sous le nom de Bébé; celui du jeune Égyptien qui a assassiné le général Kleber; enfin, le modèle en cire du squelette d'une femme nommée Supiot, dont tous les os étaient ramollis et contournés. Les squelettes de fœtus, montrant l'accroissement du corps depuis les premiers mois jusqu'à l'époque de la naissance.

Sur des tablettes au-dessus sont d'un côté des têtes humaines de différens âges, formant une suite depuis la naissance jusqu'à l'âge de cent ans; et de l'autre, des têtes remarquables par quelques singularités, choisies la plupart parmi cette quantité prodigieuse de têtes conservées dans les catacombes de la plaine de Montrouge.

Au milieu de cette salle on voit, rangées sur une table, quatre têtes de l'*éléphant d'Asie.*

Au mur de l'escalier qui conduit au premier étage, sont suspendues des têtes de différentes variétés de bœufs, de chevaux, de cerfs, de dauphins et d'hippopotames.

La première salle au-dessus de celle que nous venons de quitter, contient les têtes entières de différentes espèces d'animaux vertébrés. Un grand nombre de têtes humaines de différentes nations et régions du globe. Une série de têtes de singes, parmi lesquelles celles de deux orang-outangs; plusieurs espèces de gibbons, etc.

Les têtes en très-grand nombre de tous les animaux carnassiers; beaucoup de têtes de rongeurs et de tous les édentés connus. Les têtes des pachydermes, parmi lesquelles celle du sanglier d'Éthiopie, deux têtes d'éléphant, dont une a été sciée pour en montrer la structure intérieure, et cinq têtes de rhinocéros appartenant à trois espèces différentes. Parmi les têtes des ruminans sont celles de trois girafes, un crâne du bœuf Apis, retiré d'une momie égyptienne; et, enfin, plusieurs têtes de cétacés, parmi lesquelles celle du narval, dont le museau est armé d'une défense longue et cannelée, arme terrible, avec laquelle il perce, dit-on, les plus grosses baleines.

Dans la seconde salle, à droite, le reste de la série des têtes, celles des oiseaux, des reptiles, des poissons; parmi les reptiles, trois têtes de crocodile du Gange, données par M. Wallick. Le reste de cette salle, ainsi que deux petites pièces au bas de l'escalier (qui sert momentanément d'entrée dans le cabinet) sont destinées à l'étude des os considérés séparément. On y a placé dans des boîtes vitrées tous les os qui composent une tête, et on est étonné de la quantité prodigieuse d'os qui forment celle d'un poisson. Dans les autres armoires sont placés des sternums d'oiseaux et les squelettes de quelques monstres.

La troisième salle contient les squelettes des quadrupèdes de petite taille, les singes, presque tous les carnassiers, les kanguroos et didelphes; ceux des rongeurs, castors et gerboises; tous les genres connus d'édentés; enfin les squelettes des échidnés et de l'ornithorinque. Au-dessus des armoires sont les bois d'un grand nombre de ruminans, et sur des tables en forme de pupitres sont arrangées les dents de différens animaux dans leurs divers degrés de développement.

Les armoires qui entourent la quatrième salle renferment les squelettes des oiseaux : les plus remarquables sont ceux des autruches d'Afrique et d'Amérique, du casoar des Indes et de la Nouvelle-Hollande; le squelette d'un ibis d'Égypte retiré d'une momie et rapporté par M. Geoffroy Saint-Hilaire ; et jusqu'à des squelettes de colibris et d'oiseaux-mouches. Et dans les deux dernières armoires, les squelettes de tortues, parmi lesquelles celui d'une espèce de tortue de terre de l'Inde, la plus grande que l'on connaisse. Au-dessus des armoires sont quatre squelettes de crocodiles et deux du gavial.

Des squelettes de lézards, de serpens, de crapauds, de grenouilles ; ceux de tous les genres et d'un grand nombre d'espèces de poissons, remplissent les armoires de la cinquième salle. Sur la corniche on voit les squelettes de deux serpens de Java, l'un de quinze pieds et l'autre de dix-neuf de longueur, envoyés par M. Leschenault et M. Diard. Au-dessus des armoires de côté sont des prolongemens de nez de poissons-scie et des mâchoires de raies et de chien de mer.

Sur les tables dans cette salle, et sous verre, sont des larynx d'oiseaux et de quadrupèdes.

La sixième salle est consacrée à la myologie. On y remarque la statue d'un homme écorché, peinte de couleur naturelle ; et dans les armoires plusieurs imitations, en cire, de bras et de jambes de grandeur naturelle; et de l'autre côté deux modèles du cheval écorché et les membres de plusieurs quadrupèdes moulés sur nature par Brunot. La myologie du mouton et celle du kanguroo géant, exécutées en plâtre peint, sont dues au talent de M. Merlieux, artiste distingué, attaché à l'établissement, et qui se propose d'en exécuter de semblables pour divers autres animaux. On peut étudier dans cette salle la myologie de tous les genres de mammifères, de plusieurs oiseaux, reptiles et poissons.

Dans la septième salle sont les organes de la sensibilité; autour et sur les tablettes sont les cerveaux et les yeux d'un grand nombre d'animaux, conservés dans l'esprit de vin; et dans des cadres et sous verre la dissection des parties osseuses de l'oreille, depuis l'homme jusqu'aux reptiles et poissons : des exemples de la peau, du poil, des plumes, des écailles qui recouvrent les animaux; diverses préparations du système nerveux, et quelques têtes de sauvages, recouvertes de leur peau desséchée et tatouée.

Les viscères en général, et surtout ceux qui

exécutent les fonctions de la digestion, sont placés dans la huitième salle. Sous une grande cage vitrée on voit la figure en cire d'un enfant d'environ douze ans qui présente la poitrine et l'abdomen ouverts, pour montrer en situation les viscères qui y sont renfermés. De l'autre côté se trouve l'anatomie de la poule, aussi exécutée en cire.

La neuvième salle est consacrée aux organes de la circulation : on y trouve les cœurs de mammifères, de reptiles et quelques injections ; un grand nombre de préparations de langues et de larynx, etc. ; enfin, les organes de la génération. Sur des tables sont des viscères injectés.

Enfin, dans la dixième salle on voit une série de monstres et une de fœtus de différens âges et de différens animaux. On pourra observer ici que les monstruosités sont aussi fréquentes chez les animaux que chez l'homme ; ce qui détruit l'erreur populaire qu'elles sont produites par l'imagination des mères : car on ne saurait supposer une imagination bien active aux lapins et aux cochons, chez qui les monstres ne sont pas rares.

Au milieu de la salle sont exposées les imitations en cire de divers coquillages faites à Naples sous les yeux de Poli, et achetées en 1800.

À ce tableau rapide des richesses que renferme le cabinet d'anatomie comparée, nous allons joindre une énumération exacte des objets à l'époque actuelle.

Au mois de Décembre 1827, la collection d'anatomie se compose des objets suivans :

1.º *Préparations sèches.*

41 Squelettes humains, savoir :
  16 Squelettes de fœtus.
    2 .... d'enfans.
    2 .... de Français adultes.
    6 .... de diverses nations euro-
                  péennes.
    3 .... de momies égyptiennes.
    1 .... de momie de Guanche.
  11 .... de Nègres et Hottentots.
60 Têtes humaines de différens âges.
50 Têtes humaines, remarquables par quelque singularité de structure.
79 Têtes humaines de diverses nations.
380 Squelettes de mammifères.

500 Squelettes d'oiseaux.

165 .... de reptiles.

550 .... de poissons.

1100 Têtes osseuses de divers animaux.

300 Têtes osseuses démontées, et faisant voir séparément les os qui les composent.

590 Pièces, formant une collection d'os séparés, classées par espèce d'os.

300 Pièces, formant une collection de pieds et de mains, montrant séparément les os qui les composent.

880 Préparations relatives aux dents.

462 Préparations relatives aux parties osseuses de l'oreille.

240 Préparations relatives aux parties extérieures, telles que poils, plumes, ongles, écailles, etc.

58 Intestins injectés et desséchés.

200 Trachées-artères et larynx desséchés.

42 Arcs branchiaux de poissons.

133 Os hyoïdes.

230 Préparations relatives aux parties dures externes des crustacés et des insectes.

50 Préparations soit en cire, soit en plâtre peint, concernant la myologie et les viscères de l'homme et des animaux.

2.º *Préparations conservées dans l'esprit de vin.*

190 Myologies de divers animaux.

230 Cerveaux.

66 Moelles épinières, nerfs et autres parties du système nerveux.

347 Yeux.

44 Parties molles relatives à l'oreille.

30 .... à l'odorat.

34 .... au toucher.

54 Langues.

1000 Vases contenant l'ensemble des viscères de divers animaux.

220 Cœurs et organes de la circulation.

253 Larynx, trachées-artères, poumons.

95 Reins et autres organes de sécrétion.

342 Organes génitaux.

80 Fœtus avec leurs enveloppes.

83 Préparations montrant le développement dans l'œuf de divers oiseaux, reptiles et poissons.

38 OEufs de mollusques.

157 Fœtus sans enveloppes.

151 Monstres et fœtus monstrueux.

881 Anatomies de mollusques.

144 .... de crustacés.

92 .... de vers.

268 Anatomies d'insectes.

6g3 .... de zoophytes.

Total 11802 préparations, dont 6410 dessé-
chées, et 5392 conservées dans l'esprit de vin.

La Ménagerie.

Cette partie de l'établissement comprend
une superficie de deux cent vingt toises en
longueur, sur cent dix environ de largeur.
Elle a pour limites, au Nord, la rue de
Seine, à l'Est, le quai, au Sud, l'allée des
marroniers, jusqu'au jardin des semis, et à
l'Ouest, l'esplanade devant l'amphithéâtre.
C'est dans cet espace qu'on a successivement
dessiné des parcs et construit des cabanes
ou fabriques, pour y loger des animaux herbivores; des loges et des bâtimens d'une plus
grande étendue et d'une architecture appro-
priée aux animaux féroces et à ceux des
herbivores qui, par leur taille et leur force,
demandent à être plus solidement logés.

La ménagerie a trois entrées principales:
deux sur l'allée des marroniers et une près
l'amphithéâtre. Les portes en sont ouvertes
au public tous les jours de onze à six

heures en été, et seulement jusqu'à trois heures de l'après-midi en hiver.

Dix-sept grands compartimens ou parcs, entourés et fermés par une double clôture en treillage, dans chacun desquels se trouve un petit bâtiment où se retirent les animaux, occupent toute la partie destinée aux animaux paisibles ou herbivores. Nous n'en donnerons point ici une description détaillée, mais nous ferons remarquer en passant qu'ils sont de forme et d'étendue différentes, et que les constructions de chacun sont aussi variées que le sont les espèces qui doivent les habiter. Sur la portion du terrain qui avoisine la rivière, on a construit le bâtiment destiné aux animaux féroces ou carnassiers; les loges, au nombre de vingt-une, sont assez spacieuses pour que les animaux puissent s'y ébattre et se montrer avec avantage au public, qui en est séparé par une balustrade en fer, éloignée de plusieurs pieds des loges, lesquelles sont garnies de forts barreaux en fer rond, assez rapprochés pour qu'il n'y ait aucun danger pour les spectateurs.

L'ensemble de la ménagerie représente une espèce de labyrinthe, où il serait assez difficile de conduire le lecteur sans le faire plusieurs fois revenir sur ses pas. Afin d'éviter les répétitions, nous n'indiquerons ici que les principaux édifices, de l'un desquels il pourra se rendre à l'autre sans difficulté, et nous allons diviser notre description, en lui désignant 1.° les loges des animaux féroces, où il devra arriver par la porte qui avoisine le quai ; 2.° il apercevra de là le bâtiment de la rotonde, où sont les grands quadrupèdes, les éléphans, le bison, la girafe ; 3.° la faisanderie, charmant édifice, récemment construit d'après les dessins de M. Detouches, architecte du Muséum ; 4.° la volière au Nord, élevée sur les plans de M. Duflocq, et dans laquelle sont très-convenablement logés les grands oiseaux de proie et les perroquets ; 5.° hors l'enceinte de la ménagerie, les loges provisoires pour les singes et quelques petits quadrupèdes ; 6.° le bâtiment circulaire, couvert en chaume, placé dans l'intérieur de la ménagerie, et dans lequel sont casés les au-

LA GIRAFE,

Arrivée à la Ménagerie, en 1827.

truches, les casoars, les grues et autres grands oiseaux ; puis, enfin, sortant de la ménagerie, après avoir vu les parcs des mouflons, des chèvres et de plusieurs espèces de moutons placés vers l'Ouest, nous jetterons un coup d'œil sur les ours, qui sont dans les fossés qui terminent la ménagerie au Midi sur l'allée des marroniers.

1.º Les loges des animaux féroces sont occupées par trois lions, un ours blanc, un guépard, des chacals d'Afrique, deux loups et des ours. Dans le pavillon de l'Ouest on a placé les cages qui renferment de petits animaux, tels que des écureuils d'Europe et d'Amérique, des tatous, agoutis, ichneumons, etc.

Ces animaux ont été pour la plupart donnés à la ménagerie ; leur nombre varie tous les ans : il a été diminué depuis quelque temps par les maladies, dont il n'est pas possible de les préserver dans l'état de captivité.

L'administration a supprimé depuis peu les admissions dans l'intérieur du bâtiment, autrefois *indiquées sur les billets*.

9

2.° Le bâtiment de la rotonde est flanqué de cinq grands pavillons et de quatre plus petits, à chacun desquels appartient un parc ou une portion de l'enceinte extérieure de l'édifice, séparés par de fortes barrières en charpente, armées de pointes en fer, et solidement fixées dans une maçonnerie et des barrières plus légères. Dans ces parcs ou enceintes extérieures, lorsque le temps le permet, on voit se promener librement l'éléphant d'Asie, donné par feu M. Leschenault de la Tour; celui d'Afrique, présent du pacha d'Égypte, ainsi que la girafe, animal qu'on n'avait point encore vu en France. Les précautions prises pour la garantir du froid et de l'humidité de notre climat, les soins dont elle est journellement l'objet, et la sollicitude de l'administration pour la conservation de ce singulier animal, prouvent l'intérêt qu'on attache à sa possession, et font concevoir l'espérance de la conserver dans notre ménagerie, dont elle fait aujourd'hui l'ornement.

Le bison, espèce de bœuf sauvage de l'Amérique du Nord, envoyé par M. Milbert, voyageur du Muséum dans ces contrées. Cet animal est d'une force surprenante; si on avait pu le multiplier en France, il eût remplacé avec avantage le bœuf qu'on emploie à traîner : son poil, ou plutôt la laine qui garnit son train de devant et sa poitrine, est de nature très-soyeuse : les fils en sont fort longs et pourraient être utilement employés pour manufacturer des étoffes. Il perd ses poils par larges masses tous les ans. Le lait de la femelle est abondant et de bonne qualité, et cet animal est sobre et facile à nourrir. L'acquisition de cette espèce serait très-profitable à notre pays.

Le bœuf et les vaches de l'Inde, remarquables par la bosse qu'ils ont sur le cou et leur petite taille, se multiplient facilement ici; tous sont nés à la ménagerie, et proviennent du couple donné par M. Thompson. Les deux petits chevaux du cap de Bonne-Espérance, nommés quaggas par les Anglais, et que M. Cuvier désigne sous le nom de Dauws. Ces jolis animaux ont été acquis de M. Cross : ils sont très-doux, faciles à nourrir; on assure que la femelle est pleine.

3.º La *faisanderie*, bâtiment semi-circulaire, d'où partent en rayons, plus ou moins tournés vers le Midi, des compartimens grillagés, où sont placés divers oiseaux de la famille des gallinacés, tels que le pauxi à casque bleue, oiseau envoyé de Cayenne et dont nous n'avons qu'un individu ; le hocco de l'Amérique méridionale ; des faisans dorés et argentés de la Chine, oiseaux très-remarquables par l'élégance de leurs formes et la richesse de leur plumage, et qui sont maintenant assez communs en France ; un faisan métis de l'argenté et du faisan commun ; de jolies sarcelles de la Chine, et autres oiseaux d'un égal intérêt.

Derrière la faisanderie sont deux pétits bâtimens où l'on fait couver les mères, et un joli jardin très-bien planté en arbustes à fleurs, sous l'ombrage desquels se tiennent ou se promènent les jeunes de ces charmans oiseaux : un treillage d'enceinte en mailles très-rapprochées et d'une élévation convenable en écarte les animaux malfaisans.

4.º La *volière*, où sont placés tous les oiseaux de proie de jour et de nuit. Dans la grande loge à droite se trouve le condor, le plus grand comme le plus remarquable des oiseaux de proie connus; il appartient au Nouveau-monde, et nous a été envoyé du Pérou. Le roi des vautours, ainsi nommé à cause de sa crête d'un beau pourpre, et qui forme la couronne lorsqu'elle est épanouie : des voyageurs assurent que les autres oiseaux fuient à son approche en lui abandonnant leur proie, déférence due sans doute à sa force supérieure; l'aigle destructeur, très-rare et fort remarquable par les plumes en aigrette qui ornent sa tête; deux gypaëtes des Alpes, le plus grand oiseau de proie d'Europe, et plusieurs aigles à tête blanche, remplissent les autres compartimens. Un milan et deux oiseaux de proie de nuit sont à l'extrémité de gauche. Le centre de cette volière est occupé par plusieurs aras et perroquets.

5.º Les loges des singes, placées hors l'enceinte de la ménagerie. La collection se compose aujourd'hui d'une vingtaine de ces animaux : les plus remarquables sont l'ouanderou ou singe-lion, à cause de l'espèce de crinière qui couvre son cou et sa poitrine ; le singe à queue de cochon, le papion, le drill et mandrill, sont d'une grande force. La promptitude dans les gestes et mouvemens de ces animaux, et la ressemblance qu'ils présentent quelquefois avec ceux de l'homme, les fait remarquer par la foule, qui se porte constamment devant leurs loges ; leurs gambades et leurs grimaces amusent les enfans qu'on y conduit : en général, les singes vivent peu de temps en captivité, et lorsqu'on est obligé, à cause de la rigueur de la saison, de tenir leur local fermé, les exhalaisons qui s'émanent de leurs loges, ont promptement corrompu l'air ; ils sont successivement atteints de maladies, dont il n'est guère possible de les guérir : aussi cette partie de la ménagerie éprouve-t-elle de fréquentes mutations.

6.º En rentrant dans la ménagerie, et en suivant l'allée près les habitations, on trouve à sa gauche un bâtiment de forme circulaire et couvert en chaume. Il est divisé dans l'intérieur en plusieurs compartimens, qui ont chacun une sortie sur un parc, et il sert à loger l'autruche, le plus grand des oiseaux, et qui tient parmi eux le même rang que la girafe parmi les quadrupèdes ; les marabouts ou grues du Sénégal, dont le bec est d'une grande force : ces oiseaux ont la tête chauve, portent à leur cou une vessie, qu'ils enflent à volonté, et qui est aussi longue que leur bec. La plume légère et élégante, recherchée pour la parure des dames, se trouve sous la queue de cet oiseau, bien autrement intéressant par le service qu'il rend aux habitans des côtes de l'Afrique, en se nourrissant des nombreux débris d'animaux que les flots apportent sur ces plages brûlantes.

D'autres espèces de grues et demoiselles de Numidie, plusieurs grues couronnées de la Guiane, et grand nombre de gallinacés, de canards et d'oiseaux de mer, dont M. Baillon, correspondant du Muséum, résidant à Abbeville, fait de nombreux envois, occupent le parc à l'Ouest de ce bâtiment. Avec les deux marabouts vit en société et dans la meilleure intelligence, un tapir de la Guiane, animal plus fort qu'un sanglier, avec lequel il a quelques rapports par la taille, les habitudes, les jambes basses ; mais dont le nez, très-long et mobile, a quelque analogie avec la trompe de l'éléphant.

De l'autre côté, vers l'Ouest, on remarquera le parc et la fabrique qu'habitent les mouflons de l'île de Corse, espèce de moutons à poil ; quelques chèvres du Brésil, dont le lait passe pour être supérieur à celui de nos ânesses ; et enfin deux autres cabanes, placées entre le bâtiment de la serre tempérée et celui de l'anatomie, où sont diverses espèces de chèvres et de moutons, parmi lesquels on remarquera le mouton du Cap, dont la queue pèse souvent plus de vingt livres.

En suivant l'allée au bas de la serre tempérée, on arrivera près du parc où sont les paons, quelques espèces d'oies et de canards, et des cygnes ; à côté du bassin où se baignent ces oiseaux, on voit un petit bâtiment, imitant une ruine, sur les gradins de laquelle on aperçoit le bouquetin des Alpes, qui saute avec une grande légèreté.

A droite de ce parc est un bâtiment dont les quatre ailes servent d'asyle à des boucs et chèvres du Napaul; des cerfs et biches d'Europe occupent les pavillons du midi.

En tournant à droite de ce parc, on arrive sur la terrasse au-dessous de laquelle sont les fossés des ours. Quatre de ces animaux s'exercent journellement à grimper sur les arbres placés dans leurs fossés et amusent le public par leurs tours et gestes, dans l'espoir, rarement frustré, d'en obtenir quelques gâteaux.

Nous pourrions citer encore quelques autres animaux qui se trouvent dans la ménagerie; mais comme il a été reconnu que leur existence pourrait être compromise, s'ils étaient exposés dans des loges ou parcs accessibles au public, on a dû les resserrer de manière à pouvoir les conserver, afin d'étudier leurs mœurs et de pouvoir les multiplier; de ce nombre sont : un crocodile du Gange, deux espèces de kanguroo, des serpens et des tortues.

La Bibliothèque.

Dans le bâtiment à l'entrée de la cour des galeries et tout à côté du cabinet, on a placé au premier étage les livres d'histoire naturelle, dont se compose uniquement la bibliothèque du Muséum. Elle contient environ quinze mille volumes, quelques manuscrits et une collection de peintures sur vélin.

Parmi les manuscrits nous signalerons seulement les cinq suivans :

1.º Ceux de Plumier, sur les plantes des Antilles, accompagnés de dessins ; 8 volumes in-folio ;

2.º Ceux de Tournefort, contenant les descriptions et dessins des plantes qu'il a observées dans ses voyages au Levant ;

3.º Ceux de Commerson, contenant la relation de son voyage, avec des dessins et des descriptions de plantes et d'animaux, au nombre de onze cent quarante ;

4.º Description des plantes et des animaux de Java et des Philippines, par Norona, avec figures ; 2 volumes in-4.º

5.º Description des nids et des œufs d'un grand nombre d'oiseaux d'Europe, avec l'histoire de leurs mœurs et de leurs habitudes, par l'abbé Manesse ; 2 volumes in-4.º, avec figures très-bien peintes.

La collection de peintures sur peaux de

vélin, est la plus étendue et la plus précieuse qui existe.

Elle se compose de quatre-vingt-six volumes in-folio, dont soixante pour les plantes, vingt-six pour la zoologie : le nombre des vélins est d'environ cinq mille, dont trois mille cinq cents de plantes, deux cent cinquante de mammifères, cinq cents d'oiseaux, cinquante de reptiles, cent cinquante de poissons, cent trente de crustacés et coquilles, cent d'insectes, vingt-six de radiaires et polypes, et deux cent quatre-vingt-quatorze de parties d'animaux.

Indépendamment des peintures sur vélin, la bibliothèque en possède plusieurs sur papier, peintes par les Chinois.

La collection des vélins fut commencée pour Gaston d'Orléans, par Robert, que personne n'a encore surpassé en ce genre. Elle a été continuée par Aubriet, Van-Spaendonck, Maréchal, Audinot, et de nos jours par MM. Redouté, frères, Huet, de Wailly, Bessa, Meunier et Werner.

La bibliothèque est ouverte au public tous les jours, pendant le temps des cours, de onze heures jusqu'à deux, et hors ce temps, trois jours seulement par semaine. Les livres et les peintures y sont mis à la disposition des visiteurs, mais ne peuvent sortir du local sans la permission de l'administration.

Les Cours publics.

L'enseignement de l'histoire naturelle est développé au Muséum dans douze cours, qui sont publics; des affiches indiquent, huit jours à l'avance, l'époque de l'ouverture de chacun d'eux.

Pour y être admis, il suffit de s'y présenter; mais pour user de la faculté de pouvoir étudier dans les galeries les objets qui ont été décrits pendant les leçons, il est nécessaire d'être muni d'une carte d'admission, qui n'est délivrée que sur le certificat d'inscription sur les registres des cours, tenus à cet effet par MM. les aides-naturalistes. Ces cartes sont remises aux étudians par le bureau de l'administration.

Lorsque les cours sont finis, les personnes inscrites peuvent réclamer un certificat-d'assiduité, qu'elles doivent demander au professeur.

Ces cours sont donnés par les professeurs suivans :

Celui de *Botanique rurale*, par M. Adrien de Jussieu ;

Celui de *Physiologie végétale*, par M. Desfontaines ;

Celui de *Naturalisation des végétaux*, par M. Bosc ;

Celui de *Zoologie, mammifères* et *oiseaux*, par M. Geoffroy Saint-Hilaire ;

Celui de *Zoologie, reptiles* et *poissons*, par M. Duméril ;

Celui de *Zoologie, animaux sans vertèbres*, par M. de Lamarck ;

Celui d'*Anatomie comparée*, par M. le baron Cuvier ;

Celui d'*Anatomie humaine*, par M. Portal ;

Celui de *Chimie générale*, par M. Laugier ;

Celui de *Chimie appliquée aux arts*, par M. Vauquelin ;

Celui de *Minéralogie*, par M. Brongniart ;

Celui de *Géologie*, par M. Cordier.

Deux maîtres de dessin sont attachés à

l'établissement, pour l'enseignement de l'iconographie ; leurs cours sont également publics.

L'un pour les *Animaux*, fait par M. Hüet ;

L'autre pour les **Plantes**, fait par M. Redouté.

Tous ces cours ont lieu à des jours et heures différens, de manière que les mêmes élèves puissent les suivre tous. Ils ont lieu dans l'amphithéâtre et dans les galeries.

Des laboratoires sont établis pour la chimie, l'anatomie et la zoologie : on peut y être admis avec l'agrément de l'administration et du professeur de la partie.

———

Enfin, dans la cour d'entrée par la rue de Seine, sont établis les bureaux de l'administration, où l'on doit s'adresser, soit pour obtenir des billets d'entrée dans les galeries aux jours non publics, qui sont les lundis, jeudis et samedis, de onze à deux heures, soit pour tous renseignemens administratifs.

———

Les douze professeurs que nous venons de nommer, sont également administrateurs de l'établissement. Ils tiennent assemblée au moins une fois la semaine, et sont présidés par celui d'entre eux qu'ils ont élu Directeur, et qui, de même qu'un Secrétaire et un Trésorier, exercent ces fonctions pendant deux années.

A la liste des professeurs, qui sont tous logés dans l'établissement, nous allons joindre celle de MM. les aides-naturalistes et employés principaux, en suivant le même ordre que pour celui des cours. Mais nous dirons auparavant qu'il y a au Muséum quatre gardes des collections, qui sont chargés, l'un, M. Fréderic Cuvier, de tout ce qui concerne la ménagerie; le second, M. Thoüin, de la garde des galeries; le troisième, M. Laurillard, de celle du cabinet d'anatomie comparée, et le quatrième, M. Deleuze, de celle de la bibliothèque.

Aides-Naturalistes.

Pour la *Botanique*, MM. Richard et Toscan.

Pour la *Culture*, M. O. Leclerc.

Pour la *Zoologie*, M. Geoffroy, fils.

Pour les *Mammifères* et *Oiseaux*, MM. Dufresne, Prevost et Kiener.

Pour les *Reptiles* et *Poissons*, MM. Valenciennes et Bibron.

Pour les *Animaux sans vertèbres*, MM. Latrille et Audoin.

Pour l'*Anatomie comparée*, MM. Rousseau, père et fils.

Pour l'*Anatomie humaine*, M. Clément.

Pour la *Chimie générale et appliquée aux arts*, MM. Chevreul, Dubois et Laugier, fils.

Pour la *Minéralogie*, M. Delafosse.

Pour la *Géologie*, M. Regley.

———

Bureau du Secrétariat, M. Royer.

FIN.

TABLE.

Avertissement. . . . . j

Description du Muséum 5

Promenade au jardin. 5

École de botanique. 11

École des arbres fruitiers 12

École des plantes économiques. . 13

École de culture. 14

Jardin des semis. 15

Jardin de naturalisation. 16

Serre tempérée. 17

Serres chaudes. 18

Galerie de botanique. 22

Cabinet d'histoire naturelle 24

Collection de géologie. 25

Collection de minéralogie 28

Collection des mammifères. . . . 31

Collection d'oiseaux. 41

Collection des reptiles 6o

Collection de poissons 64

Collection des animaux sans vertèbres. 7o

Coquilles, Oursins et Polypiers . . 78

Cabinet d'anatomie comparée. . . . 8o

La Ménagerie 94

La Bibliothèque 1o5

Les Cours publics 1o8

FIN.

EXTRAIT
DU CATALOGUE
DES LIVRES DE FONDS
DE LA LIBRAIRIE
DE F. G. LEVRAULT.

EXTRAIT

DU CATALOGUE

DES LIVRES DE FONDS.

Histoire naturelle des poissons, ouvrage contenant plus de cinq mille espèces de ces animaux, décrites d'après nature et distribuées conformément à leurs rapports d'organisation, avec des observations sur leur anatomie et des recherches critiques sur leur nomenclature ancienne et moderne; par M. le baron *Cuvier*, grand-officier de la légion d'honneur, conseiller d'état et au Conseil royal de l'instruction publique, l'un des quarante de l'Académie française, secrétaire perpétuel de celle des sciences, etc.; et par M. *Valenciennes*, aide-naturaliste au Muséum royal d'histoire naturelle; 15 à 20 vol. in-8.°, ou 8 à 10 vol. in-4.°, sur papier carré superfin satiné et cavalier vélin.

Conditions de la Souscription.

La publication se fera par livraison d'un volume de texte, avec un cahier de 15 à 20 planches, excepté la première livraison, qui sera de deux volumes ; elle paraîtra au commencement de 1828, et les suivantes de trois mois en trois mois.

Le prix de chaque livraison d'un volume avec un cahier de 15 à 20 planches, sur papier carré superfin satiné, in-8.º, sera de . . . . 13 fr. 50 c. et sur papier cavalier vélin, de . . . . 18 fr.

(Il n'a été tiré sur ce papier qu'un petit nombre d'exemplaires, texte et planches, destinés à accompagner l'édition des Œuvres de BUFFON, imprimée sur ce format.)

La livraison in-4.º d'un demi-volume, représentant le volume in-8.º, avec le même nombre de planches, tirées in-4.º, sur carré superfin satiné . . . . 18 fr.

(Ce format, tiré à petit nombre, est destiné à accompagner le BUFFON, édition de l'imprimerie royale.)

Toutes les planches seront imprimées sur papier vélin ; il en sera fait des exemplaires coloriés, pour lesquels le prix sera de 10 francs de plus par livraison.

PLANCHES DE SEBA (Locupletissimi rerum naturalium thesauri accurata descriptio), accompagnées d'un texte explicatif mis au courant de la science et rédigé par une réunion de savans.

Ouvrage publié sous les auspices de MM. les Professeurs et Administrateurs du Muséum royal d'Histoire naturelle de Paris, par les soins de M. *E. Guérin*, membre de la Société d'Histoire naturelle de Paris et de diverses autres sociétés savantes.

Conditions de la Souscription.

Les 450 planches *in-folio* de Seba seront publiées en QUARANTE-CINQ livraisons, de 10 planches chacune. Il paraîtra 2 livraisons par mois. La première publication a eu lieu en Septembre 1827, et le prix de chaque livraison sera de 4 FRANCS.

On fera des exemplaires coloriés pour les personnes qui le demanderont : le prix de la livraison sera de 20 FRANCS.

DICTIONNAIRE DES SCIENCES NATURELLES, dans lequel on traite méthodiquement des différens êtres de la nature, considérés soit en eux-mêmes, d'après l'état actuel de nos connaissances, soit relativement à l'utilité qu'en peuvent retirer la Médecine, l'Agriculture, le Commerce et les Arts ; suivi d'une Biographie des plus célèbres naturalistes : ouvrage destiné aux Médecins, aux Agriculteurs, aux Manufacturiers, aux Artistes, aux Commerçans, et à tous ceux qui ont intérêt à connaître les productions de la Nature, leurs caractères génériques et spécifiques, leur lieu natal, leurs propriétés et leurs usages ; par plusieurs professeurs du Jardin du Roi et des principales Écoles de Paris (MM. *De Blainville — Brard — Brochant de Villiers — Brongniart — De*

11.

Candolle — H. Cassini — Chevreul — H. Cloquet — G. Cuvier — F. Cuvier — De-france — Delafosse — Desfontaines — Desmarets — Duméril — Dumont - de-Sainte - Croix — Flourens — Geoffroy Saint-Hilaire — De Humboldt — De Jussieu — De Lacépède — Lacroix — Leach — Leman — Lesson — Loiseleur des Long-champs — Massey — Mirbel — Poiret — Valenciennes).

L'ouvrage entier sera terminé en 1828; il aura 60 volumes in-8.º de texte, 60 cahiers de planches, 3 à 4 volumes de Biographie et 25 cahiers de portraits.

Ces nombres ne seront pas dépassés, et s'ils devaient l'être, l'éditeur s'engage à donner gratis aux souscripteurs les volumes et cahiers excédans.

Prix : Texte, le volume in-8.º, pap. ord.   6 fr.

Planches noires, le cah. de 20, in-8.º   5 fr.

       coloriées,   idem   in-8.º 15 fr.

       doubles,   idem   in-8.º 30 fr.

Portraits, la livraison de 4, in-8.º   3 fr.

       Papier de Chine, in-8.º   8 fr. 5oc.

Traité des arbres fruitiers, par *Duhamel du Monceau*; nouvelle édition, augmentée d'un grand nombre de fruits, les uns échappés aux recherches de Duhamel, les autres obtenus depuis des progrès de la culture, par *A. Poiteau* et *P. Turpin*; ouvrage orné de figures imprimées en couleur et retouchées au pinceau sur les originaux peints d'après nature par les auteurs mêmes, 6 vol. in-folio, papier nom de Jésus vélin, en 68 livraisons de 6 planches, avec 3 à 4 feuilles de texte.

Conditions de la Souscription.

Le prix de chaque livr. est de 30 fr. pour les souscripteurs.

Quarante-quatre livraisons sont déjà publiées, mais si de nouveaux souscripteurs désirent ne les recevoir que successivement, ils pourront le faire à raison d'une ou deux livraisons par mois; ou de toute autre manière dont on conviendra.

Il paraît tous les deux mois une nouvelle livraison.

Des mesures sont prises pour assurer à l'entreprise une marche régulière, et une exécution parfaite dans l'ensemble et les détails. Les dessins originaux et le texte sont terminés pour la totalité de l'ouvrage.

OEuvres complètes de Descartes, publiées par *Victor Cousin*, professeur-suppléant de philosophie moderne à la faculté des lettres de l'Académie de Paris, maître de conférences à l'ancienne école normale.

Conditions de la Souscription.

Les Œuvres de Descartes forment 11 volumes in-8.°, avec 44 planches gravées. Le tout publié. . . . . 90 fr.

Pour en faciliter l'acquisition, l'éditeur remet cet ouvrage en souscription ; et à compter de Décembre 1827 on délivrera, le 1.er de chaque mois, aux *nouveaux souscripteurs*, un volume à raison de 8 fr., y compris les planches.

Il ne reste à paraître que le discours de M. V. Cousin sur la philosophie cartésienne ; ce volume sera orné d'un très-beau portrait de Descartes.

Sous presse.

CONSIDÉRATIONS GÉNÉRALES SUR L'ANATOMIE COMPARÉE DES ANIMAUX ARTICULÉS, auxquelles on a joint l'anatomie descriptive du *Melolontha vulgaris* (hanneton), comme exemple de l'organisation des Vertébrés, par *Hercule Straus - Durckheim* ; ouvrage couronné en 1824 par l'Institut de France et accompagné d'un atlas de 19 planches gravées aux frais de la même Société savante; 1 vol. in - 4.° de 450 pages environ.

HISTOIRE CRITIQUE DU GNOSTICISME, et de son influence sur les sectes religieuses et philosophiques des six premiers siècles de l'ère chrétienne ; par M. *J. Matter*, professeur d'histoire ecclésiastique à l'Académie royale de Strasbourg : ouvrage couronné par l'Institut ; 2 vol. in-8.°, avec un cahier de planches.

Ouvrages nouveaux.

CHIMIE DU FER, d'après *Berzelius*, traduit par le ch.ᵉʳ *Hervé*, capitaine au corps royal de l'artillerie; 1 vol. in-8.º . . . . 3 fr. 50 c.

CLASSIFICATION ET CARACTÈRES MINÉRALOGIQUES DES ROCHES HOMOGÈNES ET HÉTÉROGÈNES; par *Alex. Brongniart*, membre de l'Académie des sciences; 1 vol. in-8.º 3 fr. 50 c.

CONSIDÉRATIONS GÉNÉRALES SUR L'ANALYSE ORGANIQUE ET SUR SES APPLICATIONS; par M. *E. Chevreul*; 1 vol. in-8.º . . . . 5 fr.

CONSIDÉRATIONS GÉNÉRALES SUR LA CLASSE DES CRUSTACÉS, par *Anselme-Gaétan Desmarest*, membre titulaire de l'Académie royale de médecine, professeur de zoologie à l'école royale vétérinaire d'Alfort, membre de plusieurs sociétés savantes; 1 vol. in-8.º, cartonné, avec 56 planches noires . 25 fr.
Avec les planches coloriées . . . 60 fr.

CONSIDÉRATIONS GÉNÉRALES SUR LA CLASSE DES INSECTES; par *André-Marie-Constant Duméril*, de l'Académie royale des sciences de l'Institut; ouvrage orné de 60 planches en taille-douce, représentant plus de 35o genres d'insectes; 1 vol. grand in-8.°, cartonné : avec les planches noires, 25 fr.; — avec les planches coloriées, 6o fr.

Coup d'œil sur les mines; par *L. Elie de Beaumont*, ingénieur des mines, 1 vol. in-8.°, avec 2 planches . . . . 3 fr. 5o c.

Cristalisation (de la), considérée géométriquement et physiquement, ou Traité abrégé de cristallographie, suivi d'un précis de nos connaissances actuelles sur les phénomènes physiques de la cristallisation; par *J. M. Brochant de Villiers*, ingénieur en chef au corps royal des mines, professeur de minéralogie et de géologie à l'école des mines de Paris, membre de l'Académie des sciences de l'Institut royal de France, etc.; 1 vol. in-8.°, avec 16 planches. 12 fr.

Dents (des) des mammifères, considérées comme caractères zoologiques, par *F. Cuvier*; 1 vol. in-8.°, cart., avec 1o3 pl. 4o fr.

Description géognostique des environs du Puy-en-Velai, et particulièrement du bassin au milieu duquel cette ville est située;

par *J. M. Bertrand-Roux*; 1 vol. in-8.°,
avec une carte coloriée et 2 planches. 8 fr.

*ESQUISSES DE PHILOSOPHIE MORALE; par
M. *Dugald Steward*, professeur à l'Uni-
versité d'Édimbourg, traduit de l'anglais
sur la 4.ᵉ édition, par *R. Jouffroy*, ancien
maître de conférences à l'école normale;
in-8.° . . . . 6 fr.

ESSAI D'UNE CLASSIFICATION NATURELLE DES
CHAMPIGNONS, ou tableau méthodique des
genres rapportés jusqu'à présent à cette famille : par M. *Ad. Brongniart*; in-8.° 5 fr.
Avec planches coloriées . . . . . 12 fr.

ESSAI SUR LA CONSTITUTION GÉOGNOSTIQUE DES
PYRÉNÉES; par *J. de Charpentier*, directeur
des mines du canton de Vaud; membre de
plusieurs sociétés savantes; ouvrage couronné par l'Institut royal de France; 1 vol.
in-8.°, avec une planche et une carte géognostique des Pyrénées. . . . . . 13 fr.

ESSAI HISTORIQUE SUR L'ÉCOLE D'ALEXANDRIE,
ou Coup d'œil comparatif sur la littérature
grecque, depuis le temps d'Alexandre le
grand jusqu'à celui d'Alexandre Sévère, ou-

vrage couronné par l'Académie royale des inscriptions et belles-lettres, par *J. Matter*; 2 vol. in-8.° . . . . 12 fr.

ESSAI GÉOGNOSTIQUE SUR LE GISEMENT DES ROCHES DANS LES DEUX HÉMISPHÈRES; par *A. de Humboldt*; 2.ᵉ édition, 1 vol. in-8.° 8 fr.

ESSAI SUR L'HISTOIRE DES MURIERS ET DES VERS-A-SOIE, et sur les moyens de faire chaque année plusieurs récoltes; par M. *Loiseleur Deslongchamps*, membre de plusieurs sociétés savantes; in-8.° . . . . 2 fr.

EXCURSIONS DANS LES ÎLES DE MADÈRE ET DE PORTO-SANTO, faites dans l'automne de 1823, pendant son troisième voyage en Afrique; par feu *E. E. Bowdich*, écuyer, chef de l'ambassade anglaise au pays d'Ashantie; membre de plusieurs Societés savantes, nationales et étrangères, etc.; ouvrage traduit de l'anglais et accompagné de notes de M. le baron *Cuvier* et de M. le baron *de Humboldt*; 1 vol. in-8.°, avec atlas in-4.° de 22 planches, dont plusieurs coloriées . . . 25 fr.

GUZLA (la), ou choix de poésies illyriques, recueillies dans la Dalmatie, la Bosnie, la

Croatie et l'Herzegowine : 1 vol. in-18, avec portrait lithographié . . . . 4 fr.

Histoire naturelle des crustacés fossiles, sous les rapports zoologique et géologique, savoir, les Trilobites, par *A. Brongniart*, et les Crustacés proprement dits, par *A. G. Desmarest*; 1 vol. in-4.° . . . . 15 fr.

Histoire naturelle de l'homme; par M. le comte *de Lacépède*; précédée de son éloge historique, par M. le baron *Cuvier*, secré-taire perpétuel de l'Académie des sciences, l'un des quarante de l'Académie française; 1 vol. in-8.°, avec le portrait et *fac simile* de M. de Lacépède . . . . 6 fr.

Histoire naturelle des principales pro-ductions de l'europe méridionale, et particulièrement de celles des environs de Nice et des Alpes maritimes ; par M. *A. Risso*, ancien professeur des sciences phy-siques et naturelles au lycée de Nice ; membre de plusieurs sociétés savantes ; 5 vol. in-8.°, ornés de 46 planches et de 2 cartes géologiques ; avec planches noires, 67 fr. 50 c., et avec planches coloriées, 135 fr.

Histoire abrégée des sciences métaphysiques, morales et politiques, depuis la renaissance des lettres en Europe, traduite de l'anglais de Dugald Stewart; par *J. Buchon*; 3 vol. in-8.° . . . . 18 fr.

Idées sur la philosophie de l'histoire de l'humanité, par *Herder*; ouvrage traduit de l'allemand, et précédé d'une introduction, par *Edgar Quinet*; 3 vol. in-8.° 21 fr.

Instruction sur les paratonnerres, adoptée par *l'Académie royale des sciences*, et réimprimée avec autorisation de *S. E. le Ministre de l'intérieur*; 1 vol. in-8.°, avec 2 pl. 2 fr.

Introduction a la minéralogie, ou Exposé des principes de cette science et de certaines propriétés des minéraux, considérées principalement dans la valeur qu'on peut leur attribuer comme caractères; par *Alex. Brongniart*, membre de l'Académie des sciences; 1 vol. in-8.°, avec 2 pl. 4 fr. 50 c.

Leçons sur les épidémies et l'hygiène publique, faites à la faculté de médecine de Strasbourg; par M. *Foderé*, professeur à cette faculté; 4 vol. in-8.° . . . . . 30 fr.

MANUEL DES GARDES-MALADES, des gardes des femmes en couche, sages-femmes, bonnes d'enfans et des mères de famille en général; par *F. E. Foderé*, professeur à la faculté de médecine de Strasbourg, etc.; 2.ᵉ édition, in-18. . . . . 2 fr.

MANUEL DE GASTRONOMIE, contenant particulièrement la manière de dresser et de servir une table, et d'observer la symétrie des mets; la nomenclature alphabétique de 54 potages , 27 relevés de potage , 40 hors-d'œuvre, 6oo plats d'entrée, 1oo rôts, 35o entremets et 1oo articles de dessert, avec la manière de les préparer et de les servir, etc.; 1 vol. in-12, avec une planche. 3 fr.

MANUEL DES JEUNES ARTISTES ET AMATEURS EN PEINTURE, par M. *P. L. Bouvier*, peintre, membre de la Société des arts de Genève et ancien élève de l'Académie de Paris; 1 fort volume in-8.º, avec sept planches lithographiées . . . . 1o fr.

MANUEL DE MALACOLOGIE ET DE CONCHYLIOLOGIE; contenant : 1.º une histoire abrégée de cette partie de la zoologie; des considéra-

tions générales sur l'anatomie, la physiologie et l'histoire naturelle des Malacozoaires,
avec un catalogue des principaux auteurs
qui s'en sont occupés; 2.° des principes de
Conchyliologie, avec une histoire abrégée de
cet art et un catalogue raisonné des auteurs
principaux qui en traitent; 3.° un système
général de Malacologie, tiré à la fois de l'animal et de sa coquille dans une dépense ré-
ciproque, avec la figure d'une espèce de
chaque genre; par *H. M. Ducrotay de Blainville*, professeur d'anatomie et de physiologie comparées, et de zoologie, à la faculté
des sciences de Paris. Ouvrage contenant
109 planches dessinées par M. *Prêtre*, et gravées en taille-douce avec le plus grand soin
sous la direction de M. *Turpin*; un volume
de texte et un volume de planches carton-
nés; avec figures noires, 40 fr.; avec figures
coloriées, 100 fr.

MÉMOIRE SUR LES BÉLEMNITES, considérées zoo-
logiquement et géologiquement, par *H. M.
Ducrotay de Blainville*, membre de l'Institut (Académie des sciences), professeur d'a-
natomie, de physiologie comparée et de

zoologie à la Faculté des sciences de Paris ; membre de plusieurs Académies et Sociétés savantes ; 1 volume in-4.°, avec 5 planches lithographiées . . . . 12 fr.

MINÉRALOGIE APPLIQUÉE AUX ARTS, ou Histoire des minéraux qui sont employés dans l'agriculture, l'économie domestique, la médecine, la fabrication des sels, des combustibles et des métaux, l'architecture et la décoration, la peinture et le dessin, les arts mécaniques, la bijouterie et la joaillerie ; ouvrage destiné aux artistes, fabricans et entrepreneurs, par *C. P. Brard* ; 3 forts vol. in-8.°, avec 15 planches. . . . 21 fr.

OPUSCULES PHYTOLOGIQUES ; par *H. Cassini*, associé libre de l'Académie des sciences, membre de la Société linnéenne de Londres, président à la cour royale de Paris, etc. ; 2 vol. in-8.°, ornés de planches. 15 fr.

Cet ouvrage comprend tous les travaux faits depuis nombre d'années par M. Cassini sur l'importante famille des plantes composées.

ORGANISATION (DE L') DES ANIMAUX, ou principes d'anatomie comparée ; par *H. Ducrotay de Blainville* ; *D. M. P.*, professeur de la faculté des sciences, etc. L'ouvrage aura 4 volumes in-8.°; le Tome Ier a paru. 8 fr.

PRÉCEPTES SUR L'ÉLOQUENCE, par M. *Francis Levasseur*; 2 vol. in-12 . . . 7 fr. 50 c.

*PRÉCEPTES SUR LE STYLE ET LA COMPOSITION EN PROSE, par M. *Francis Levasseur*; 2 volumes in-12 . . . . 7 fr. 50 c.

PRINCIPES GÉNÉRAUX DE MÉTALLURGIE, par M. *Guenyveau*, ingénieur au corps royal des mines; 1 vol. in-8.°, avec 2 pl. 3 fr. 50 c.

PRINCIPES DE LA MÉTHODE NATURELLE DES VÉGÉTAUX; par *de Jussieu*; in - 8.° 1 fr. 25 c.

PROCLI PHILOSOPHI PLATONICI OPERA, e codd. mss. biblioth. reg. parisiensis, nunc primum edidit, lectionis varietate et commentariis illustravit *V. Cousin*, professor philosophiæ in academia parisiense (édition grecque-latine); 6 vol. in - 8.° . . . . . 42 fr.

RECHERCHES CHIMIQUES SUR LES CORPS GRAS D'ORIGINE ANIMALE; par M. *E. Chevreul*; 1 vol. in-8.° . . . . 7 fr.

RECUEIL DES ÉLOGES HISTORIQUES lus dans les séances publiques de l'Institut royal de

France, par M. le baron *Cuvier*, l'un des quarante de l'Académie française, secrétaire perpétuel de celle des sciences. Prix, 3 vol. in-8.° . . . . 18 fr.

STÉNOGRAPHIE (LA), ou l'art d'écrire aussi vîte que l'on parle; suivi de la CHIROLOGIE, ou l'art de converser avec les mains; par *C. Petitpoisson*; 2.ᵉ édition, in-8.° . 2 fr. 50 c.

VOYAGE DE HUMBOLDT ET BONPLAND. 6.ᵉ partie: Botanique. SYNOPSIS PLANTARUM QUAS IN ITINERE AD PLAGAM ÆQUINOCTIALEM ORBIS NOVI collegerunt *Al. de Humboldt* et *Am. Bonpland*, auctore *C. S. Kunth*, prof. reg. acad. Berol. Instit. Gall., societ. phil. et hist. nat. Paris; 4 vol. in-8.° . . . . 40 fr.

TABLEAU DES CORPS ORGANISÉS FOSSILES, précédé de remarques sur les pétrifications; par M. *Defrance*, membre de plusieurs sociétés savantes; in-8.° . . . . . 3 fr. 50 c.

TABLES DE RÉDUCTION des anciennes et nouvelles monnaies françaises en florins au pied de 24 et au pied de 20, et en argent de Saxe, et de ces diverses monnaies d'Allemagne en argent de France; suivies d'un tableau des poids, titre et valeur en francs des monnaies des principaux États; et précédées des signes principaux auxquels on reconnaît les fausses pièces d'or et d'argent de France; in-12. . . . . 1 fr. 20 c.

TOPOGRAPHIE PHYSIQUE ET MÉDICALE DE LA VILLE DE STRASBOURG, avec des tableaux statistiques, une vue et le plan de la ville; par *J. P. Graffenauer*; in-8.º 6 fr. 50 c.

TRAITÉ DU MOUVEMENT DE L'EAU DANS LES TUYAUX DE CONDUITE, à l'usage des ingénieurs et des architectes; par M. *d'Aubuisson de Voisins*, ingénieur en chef des mines, correspondant de l'Institut de France, etc.; in-8.º . . . . 1 fr. 50 c.

Livres pour l'étude de la langue allemande.

DIALOGUES FRANÇAIS-ALLEMANDS, à l'usage des deux nations; 12.ᵉ édition, in-12. 2 fr. 25 c.

DICTIONNAIRE (NOUVEAU) ALLEMAND-FRANÇAIS ET FRANÇAIS-ALLEMAND, à l'usage des deux nations; 7.ᵉ édition, 2 vol. in-4.º . 25 fr.

LE MÊME; 2 vol. in-8.º, même prix.

DICTIONNAIRE DE POCHE FRANÇAIS-ALLEMAND ET ALLEMAND-FRANÇAIS, à l'usage des deux nations; 12.e édit.; 2 vol. in-16 carré. 10 fr.

Cette nouvelle édition, qui est imprimée, comme la précédente, sur beau papier, en caractères allemands et français suffisamment gros, a été augmentée de plus de 6000 mots, et les deux volumes contiennent 450 pages de plus que la 11.e édition.

DICTIONNAIRE (NOUVEAU) DE POCHE FRANÇAIS-ALLEMAND ET ALLEMAND-FRANÇAIS; 2 vol. in-12 (tout en caractères français). 6 fr.

GRAMMAIRE ABRÉGÉE DE LA LANGUE ALLEMANDE, extraite de celle de *Gottsched*, *Juncker* et *Adelung*; 3.e édition, in-8.º . 1 fr. 50 c.

LEÇONS ALLEMANDES DE LITTÉRATURE ET DE MORALE; par MM. *Noël* et *Stœber*; avec l'histoire abrégée de la littérature allemande (en allemand : Kurze Geschichte und Charakteristik der schönen Literatur der Deutschen), par M. *Stœber*, 3 vol. in-8.º . . . . 16 fr.

On vend séparément :

Les 2 volumes des Leçons . . . . . 12 fr.
Et l'histoire abrégée . . . . 6 fr.

MAÎTRE (LE) DE LANGUE ALLEMANDE, ou nouvelle grammaire allemande méthodique et
raisonnée , composée sur le modèle des
meilleurs auteurs et grammairiens de nos
jours ; 18.ᵉ édition, 1 vol. in-12 . . 3 fr.

NOTIONS ÉLÉMENTAIRES DE GRAMMAIRE ALLE-
MANDE , à l'usage des Français qui ont
fait quelques études et qui veulent ap-
prendre l'allemand , par *Simon* ; 2.ᵉ édition , in-12 . . . . 2 fr. 50 c.

PHRASEOLOGIA ANGLO - GERMANICA , oder
Sammlung von mehr als fünfzigtausend
englischen Redensarten , aus den besten
englischen Schriftstellern gezogen , in al-
phabetische Ordnung gebracht , und ins
Deutsche übersetzt von *F. W. Haussner*,
in-8.° . . . . 10 fr.

Haußner, englische Grammatik , oder Prakti-
scher Unterricht die englische Sprache in kur-
zer Zeit fehlerfrei auszusprechen und gründlich
zu erlernen ; 12 . . . . 2 Fr.

ANNUAIRE DE L'ÉTAT MILITAIRE DE
FRANCE pour 1828, publié sur les docu-
mens du ministère de la guerre avec autorisation du Roi, 1 vol. in-12. . . . 5 fr.
    Franc de port . . . . . . 6 fr. 50 c.

On trouve à la même Librairie tous les
ouvrages sur l'art et l'état militaires, ainsi
que tous les registres et imprimés relatifs à la
comptabilité.